U0917087

记忆心理学

通过实验揭秘记忆规律

[德] 赫尔曼·艾宾浩斯 ——著

倪彩 ——编译

中国纺织出版社

内 容 提 要

德国著名心理学家艾宾浩斯，以自己作为被试潜心进行大量的实验，撰写了这本对记忆的研究记录报告。他告诉世人，提高记忆知识的有效方法、学习内容和学习速度之间的关系，以及轰动一时的记忆曲线和遗忘曲线是如何得来的。

图书在版编目（CIP）数据

记忆心理学：通过实验揭秘记忆规律 /（德）赫尔曼·艾宾浩斯著；倪彩编译 --北京：中国纺织出版社，2018.6（2024.5重印）

ISBN 978-7-5180-4694-2

Ⅰ.①记… Ⅱ.①赫… ②倪… Ⅲ.①记忆术 Ⅳ.①B842.3

中国版本图书馆CIP数据核字（2018）第025431号

策划编辑：郝珊珊　　　责任印制：储志伟

中国纺织出版社出版发行

地址：北京市朝阳区百子湾东里A407号楼　邮政编码：100124

销售电话：010—67004422　传真：010—87155801

http：//www.c-textilep.com

E-mail：faxing@c-textilep.com

中国纺织出版社天猫旗舰店

官方微博http://weibo.com/2119887771

北京一鑫印务有限责任公司印刷　各地新华书店经销

2018年6月第1版　2024 年 5 月第 4 次印刷

开本：710 × 1000　1/16　印张：13.5

字数：105千字　定价：39.80元

艾宾浩斯小传

艾宾浩斯·赫尔曼（H.Ebbinghaus，1850年1月24日—1909年2月26日），德国实验心理学家，现代联想主义学派创始人，是心理学史上采用实验方法研究人类高级心理过程的第一人。他在探索和研究记忆的规律方面，做出了杰出的贡献。

1850年，艾宾浩斯出生在波恩的一个商人家庭。17岁时，他进入波恩大学学习历史和哲学。普法战争时期，艾宾浩斯在军队服役。战后，他致力于科学研究，后进入哈雷大学和柏林大学深造，在1873年获得博士学位。

1875年至1878年间，艾宾浩斯留学英国和法国。就在这期间，艾宾浩斯迎来了他人生的转折，而这个转折是从一本旧书开始的。

1876年，艾宾浩斯在巴黎的一家旧书摊上，无意中买了一本费希纳的《心理物理学纲要》。翻开这本书，他立刻就被吸引了。费希纳在自己的研究领域中，对心和物做了精确的数学测量，并试图确定它们的关系。这一方式给艾宾浩斯带来巨大的震撼，让他茅塞顿开。他决心也要像费希纳一样，通过严格的系统测量来研究记忆。

在此之前，著名心理学家冯特不止一次断言，学习和记忆等高级心理过程不能通过实验研究。当时的艾宾浩斯，既没有大学教学职位，也没有老师，更没有进行研究的专用设备和实验室。可即便如此，他还是坚决要做这件事。

艾宾浩斯发现，用散文或诗词作为记忆材料有一定困难，因为每个人的文化背景和知识经验不同，且理解语言的人容易把意义或联想跟词形成联系，这些已形成的联想有助于材料的学习。这样的话，就不能在意义方面加以控制。为此，他选择了两个辅音中间夹一个元音构成的无意义音节，如lef，bok或gat，用自己作被试，用完全记忆法和节省法对记忆开展了长达5年的科学研究。这5年里，艾宾浩斯实施了大量枯燥而辛苦的实验，完成了一系列有控制的、有科学价值的研究。

艾宾浩斯的研究方法是客观的、实验的、通过细致观察和记录能够量化的。他推想出，对于学习材料的难度，可以用学习材料时所需要重复的次数来测量它。为了让实验有序进行，他调节了个人习惯，尽量让自己的生活起居符合实验要求，甚至总在每天的同一时间学习材料。

1880年，艾宾浩斯受聘于柏林大学，并继续深入研究记忆，验证自己的早期研究成果。1885年，艾宾浩斯出版了《论记忆》一书，也就是我们现在看到的这本书。这本书开创了心理学的全新研究领域，是实验心理学史上最伟大的研究成果之一。

心理学史家E.G.波林评论道："这是划时代的，不仅由于它所涉及的范围和文章风格的新颖，而且因为它立即被看作是实验心理学突破了研究高级心理过程的障碍。艾宾浩斯开创了一个新的领域……"

1885年后，艾宾浩斯没有继续研究记忆，发表的著作也很少。1886年，他被柏林大学提升为副教授。1890年，他创建了一个实验室，并创办了《感觉器官的心理学和生理学》杂志。由于著述较少，他未能在柏林大学继续提升。

1894年，艾宾浩斯转职到布雷斯劳大学担任较为低级的职务，并在那里一直工作到1905年。期间，他发展了句子填充测验，这也是第一个研究高级心理过程的成功测验，这一测验后来几经改造，被广泛用于普通智力测验。

1902年，艾宾浩斯出版了《心理学原理》，这是一本非常棒的心理学教科书。1908年，他又出版了受人欢迎的教科书《心理学概论》。两本书都再版多次，直至他去世后，依然有人不断修改和完善它们，并继续出版。

1905年，艾宾浩斯离开布雷斯劳大学，转职到哈雷大学。4年后，他因肺炎突然去世，享年59岁。

在艾宾浩斯的一生中，他没有建立学派，也没有形成正式的理论体系，然而，他在心理学史上的地位，确实不容忽视的。这一点，我们从心理学史家D.舒尔茨对艾宾浩斯的评价中就能够体会得到，他说——

"对一个科学家总的历史价值的一种衡量方法是看他的观点和研究

成果是否经受得住时间的考验。根据这样的标准，可以认为艾宾浩斯比冯特更加重要。他的研究给联想或学习的研究带来了客观性、数量化和实验方法。艾宾浩斯的研究，使联想的概念从只是对它的特性进行思辨改变为借助于科学方法对它进行实验研究。另外，他对学习和记忆的许多发现在百年后的今天仍然可靠。在心理学史上能够得到这种评价的心理学家真是凤毛麟角。”

我们能够看到，任何一本基础心理学教材中都少不了提及艾宾浩斯的“遗忘曲线”，他告诉我们在学习中的遗忘是有规律的，遗忘是先快后慢的。同时，他也谈到了记忆的方法、复习与自测的方式。单凭这些研究发现和方法总结，就足以给千千万万人的学习和生活带来巨大的收获。

在这里，我们只简单地了解一下艾宾浩斯的生平和贡献，关于他在记忆方面的具体研究，还请认真阅读他的这本经典之作，它为我们道出了隐秘心理世界的又一处冰山之角。鉴于时代原因和条件所限，艾宾浩斯的研究成果中也不可避免地存在一些缺陷，但他在记忆研究方面的成就是无人能比的，这种潜心钻研的精神也是永远值得尊敬的。

著者序

直至今天，在研究心理学现象的领域中，实验法和测量法主要被用于研究感知觉和心理过程的时间关系。然而，在这本书里你即将看到的是，我们要对人类的心理活动进行深入的研究，且要把实验的、数量化的方法融入对记忆的研究中。需要说明的是，我们在这本书里谈到的“记忆”，指广义上的说法，包含资料的学习、保持、联想和再现。

可能会有人对此提出异议，怎么能用实验法和测量法对记忆进行研究呢？对此，我会在本书中进行详细的讨论，这也是我研究的课题之一。所以，我很希望，那些对我的实验努力和实验意图丝毫不存在怀疑的人，也先不要轻易地下结论。

由于研究的对象比较困难，实验本身也比较耗费时间和精力，所以我在实验的最初阶段发表的一些不太完善的研究成果，还恳请读者们谅解。希望读者不要把因为不完善而产生的缺点当作反对这些结果的证据。

实验全部是我个人完成的，既作为主试，也作为被试，原本只有个人的意义。但是，它们不仅仅只反映我一个人的心理结构，不仅仅只具有我一个人的特点。尽管绝对的数据是我个人的结果，但这些数字之间的彼此关系和各种关系，依然能够反映出具有普遍意义的关系。但在这些情况中，具体要如何区分，还需要从进一步的实验和比较中才能够断定。

艾宾浩斯·赫尔曼

目 录

第一章

人类对记忆的了解

第1节 记忆的效果

在平常的学习和生活中，一提到记忆，我们总会谈到下列的事实或解释：那些曾经存在于我们的意识中，后来又从意识中消失了的各种心理状态，如感觉、观念、情感，等等。

其实，这些心理状态并不会因为暂时的消失而变得不存在。我们很难从内部观察到这些心理状态，可它们没有被完全破坏，或是彻底消失，而是以某一种方式继续存在着，或者说它们被储存在我们的记忆里。至于这些心理状态是以什么样的方式存在于我们的记忆中，我们无法直观地看到，可它们确实就存在于我们的记忆里，就好像地平线之下存在星体一样，毋庸置疑。

记忆的效果的表现形式有很多种类型。

第一类表现形式是，**我们可以通过指向某个有目的的意志活动，把那些看起来似乎已经消失的心理状态唤回到意识中来。**如果是直接的感知觉，可以直接唤回真实的记忆表象。也就是说，我们可以随时通过意志作用，让这些心理状态重现。在对此类回忆的努力中，通过唤起记忆中的各种表象，我们就能让那些心理状态随之回到意识中来。有时候，我们无法在回忆中找到需要的表象，但再现的事物能提供给我们需要的东西，且能帮助我们很快识别出过去经历的事物。我们的意志是可能平白无故地创造出新东西来，但凡能够回忆起来的东西，一定是以某种方式或在某一处存在着的，是我们的意志发现了这些表象，而后把它带给了我们。

在第二类表现形式中，记忆的留存会更加明显。很多时候，曾经在意识中存在的心理状态，会在经过多年后，不借助任何的意志活动，自发地回到意识中来。换而言之，这些心理状态的再现是无意识的。在多数情况下，我们会即刻意识到，这种再现的心理状态是从前经历过的，我们对它有记忆。还有些时候，并没有这种伴随的意识，我们只是间接地知道，现在的经验和过去的经验相同，这样一来，我们也有可靠的证据，说明它在间隔的时间内是存在着的。通过更加严密的观察，我们可以得出结论：**无意识的再现并不是毫无规律的，也不是偶然的。**恰好相反，它是以当时直接存在的心理的表象为中介引发出来的。而且，它们的发生是有规律可循的，这种规律被归于“联想规律”。

第三类表现形式，是我们要重点考虑的一种情况。已经消逝的心理状态，尽管它们没有办法自行回到意识中来，至少在一定的时间内无法回来，但我们依然能够找到足够的证据，证明这些心理状态依然是存在的。比如，当我们运用某种领域内的思维模式时，虽然没有直接地运用这些思想的方法和结果，可在一定的条件下，它却能促进相对领域内思想的运用。再如，无意中积累的经验发挥出来的广阔效果，也属于这一类。**在任何情况下或过程中，出现的意识会存进同类过程的发生和进行，其中记忆产生的效果不会受到唤回意识的经验条件的限制。**这样的情况的偶然性很大，不会大范围地发生，也不会规律性、经常性地出现，否则，当下进行的心理活动的过程会受到干扰。

上述说的这些经验，多半都在意识之外隐藏着，但其所产生的效果是非常重要的，这也证明了这些心理状态过去是存在的。

第2节　记忆产生的条件

对于记忆产生的条件、记忆对人类的意义等知识的了解，我们一直都处于匮乏状况。相比而言，关于记忆保持的持续力和记忆再现的准确性，以及再现速度所依存的条件，我们知道得还算多一些。

不同的人，在记忆力的好坏方面差异很大。有些人记忆力很好，有些人记忆力则很差。这种差别不仅体现在个体当中，就算是同一个人，在清晨和晚上、少年期和老年期所表现出的记忆力也有很大差别。

脑海中回忆起来的事物，内容的差异对个体的意义也有区别。那些无须持续再现的内容，如果一再地发生，就可能成为带给个体痛苦的根源。记忆对所回忆的事物的形状和颜色不具有强制性，它们再现时往往会失去原有的清晰度和准确性。音乐家能为乐队写出传达自己心声的乐曲，画家若只依靠自己内在的天赋却很难取得成功。这是因为，大自然为画家提供了丰富的素材，画家不仅需要把这些形象记忆下来，还要依靠不断的练习把它们组合起来。将过去的情感状态体现出来，是一项很了不起的事情，如果没有伴随其中的情感活动作为中介，是很难实现的。这种情感活动只是一个隐约的背景，但正因为此，才使得这种情感上发自真心的歌唱比用技巧准确地歌唱更加珍贵。

如果记忆当中上述个别差异和记忆内容差异这两个观点合并起来考虑的话，就会出现无限数量的差异。打个比方，一个人充满了感性的、诗性的回忆，另一个人对记忆指挥交响乐比较擅长，第三个人的特长是记忆数字和公式，在前两个人那里，数字和公式在记忆中完全没有踪迹可寻，就像是从光滑的鹅卵石上溜走了一样。

相关心理活动第一次出现时，主体的注意力和兴趣强度，特别是经历了印象深刻的体验后，对记忆的保持和再现起着关键性的作用。比如，被烫伤过的孩子会刻意躲避火，挨过打的狗看见鞭子就会跑。有一个现象颇为有趣，对于天天见面的人，我们反倒记不清楚他们的头发或眼睛的颜色。

同样情况下，为了再现特定的记忆内容，必须进行经常性的重复练习。一个记忆力很强的人，就算他调动全部的注意力，也很难一次就学会有一定长度的句子、散文或诗。只有通过一定数量的、足够的重复诵读练习，个体才能最终掌握它们，之后再加以额外的复习，才能掌握得准确，轻松地再现。

如果没有重复练习的过程，任何心理状态在时间的影响下，都会逐渐丧失它的恢复能力，或者说至少在这方面会受到影响。临近考试时，学生匆忙地记忆知识，如果不及时利用其他机会进行学习充实，并加以复习，这些知识很快就会随着时间的推移而消逝。即便一个人通过母语，尽早而深刻地学习过的东西，如果有几年的时间不用，也会明显地受损。

第3节　未知的记忆奥秘

在前面的小节中，我们对于记忆知识的概述并不完善，还需要补充下述一系列的内容，而这些内容也是心理学中很常见的现象：学得快的人忘得也快；较长系列的概念相比较短系列的概念更好记；老年人对于最后学习的东西遗忘得最快，等等。

为了丰富内容，心理学经常会借用传说和例证。但有一点很重要，就是我们用最大量的事实材料详细论述我们的理论知识。我们对于记忆的知识，几乎全部来自对特殊的，以及特别显著事件的观察。我们用相对来说不太精确的术语，或是具有代表性的方式来描述这些知识。我们可以做这样的假设：我们的这些描述在那些不太显著，却极为常见的日常活动记忆中，会有同样的影响，虽然程度不大，却一样会出现。如果我们愿意追随好奇心，那还可以走得更远。我们要从上述的知识和其他事件的依存关系和相互关系中，获得更加特殊和更为详尽的知识，比如，提出关于它们的内部结构的问题，对此，我们就没有答案。那么，再现能力的消逝、遗忘，是如何依存于中间有没有复习的时间间隔的长短呢？再现的精确性的增长和复习次数之间有什么样的比例关系呢？这种关系如何随着再现事物的兴趣强弱程度而变化？对于这样的问题，没有人能回答。

无法回答这些问题的原因，并不是我们忽略了对这些关系的研究。我们不能说，等到愿意花费时间的时候，就能研究这些问题。事实恰恰相反，是因为这些问题的内在性质，决定了我们无法回答。虽然问题中的各种概念，如遗忘的程度、记忆的准确度、兴趣的强度等，都是正确的，可在我们的经验中，除了极其特殊的情况外，根本无法确定这些程度。即便是面对极端的情况，也无法准确地确定它们的限度，所以我们就无法对其进行研究。一旦有了足够的经验，我们就能形成一些概念，但我们无法在日常生活中，从相似而比较一般的经验中证实这些概念。反过来，可能我们还没有形成足够多的概念，而它们对于清楚地理解事实和理论意义，又是不可或缺的。

一个人所掌握的具体知识的数量，和他所知道的这些知识的理论概念，是相互依存的关系，也是通过彼此的关系互相发展的。我们关于记忆、再现和联想过程的知识了解得不多，也不够透彻，所以现代心理学中，关于这些过程的理论对于恰当地了解这些过程就很少有参考价值。

比如，我们可以用不同的比喻来表达心理过程的物质基础的概念，如储存着的观念、铭记于心的表象、走熟了的道路，等等。对于这些比喻的说法，只有一点是肯定的，那就是，它们是不恰当的。

当然，这些欠缺的存在是有原因的，主要是由于问题的困难性和复杂性所致。虽然我们已经清楚地认识到，在记忆的知识方面有很大不足，但我们能否做出实际的进展，还有待证明。也许，我们应该放弃这样的想法，但不能否认的是，这个领域内已经有比现在更为广阔的探索途径，我现在就希望证明这一点。考虑到记忆在全部心理现象中的重要意义，但凡有机会，能够找到对这个问题进行深入研究的途径，我都愿意立刻尝试一下。哪怕是在最坏的情况下，我们也宁愿在积极的研究工作失败时退却，而不是在困难面前止步，无望地哀叹。

第二章

了解记忆的途径

第1节 研究记忆的方法

一般来说，通过事物因果关系的内在联系获得准确测量，尤其是数量上的准确测量，这种方法是相对可靠的，这与它的性质有关。在自然科学中，这种方法有着广泛的应用，且发挥了重要的作用，以至于我们经常将其视为自然科学所特有的和唯一的方法。需要再次强调的是，它的内在逻辑性决定了它可以普遍地应用于一切存在和现象领域中。更进一步说，这种方法可以准确地测量和解释任何过程的实际情况，因而建立起直接了解过程中各种联系的可靠基础，这主要依赖于应用这种方法的可能性。

众所周知，这种方法包括下列的条件：将已经证明具有一定因果联系的一切条件固定下来，将某种条件和其余条件分离开，并将该种条件按照能够满足数量化描述的方式进行转换，用测量或计算的方法确定其在效果方面产生的变化。

然而，当这种方法被转移到研究一般的心理现象，尤其是研究记忆现象的因果关系中时，就出现了两种根本的、无法克服的困难。第一，那些大量复杂的发挥重要作用的条件，我们不知道该如何控制，并使之趋于稳固。这些条件属于心理现象，几乎不在我们的控制范围内，且它们自身也是不断变化的。第二，对那些转瞬即逝的、由内省看来难以分析的心理过程，要如何进行数量化的测量？结合我们现在要研究的记忆问题，我将首先探讨这第二种困难。

第2节　记忆是可以测量的吗

现在，如果从可计量的角度来考虑记忆的保持和再现，那么，在这两种过程中，至少可能存在着一种过程的数量测量和一种数量的变化。一组观念从第一次出现到再现，中间经过的时间是可以测量的，同时可以计量的还有使这组观念能够再现所需要的重复练习的次数。这里只提到了一种选择，但再现能否发生，谁也无法准确地做出判断。当然，我们必须承认，在不同的条件下，再现可能或多或少地接近于实际，因此它在阈限下存在时是有不同等级差异的。但是，只要把我们的观察控制在偶然机遇或有意唤起的条件下，那么，观念在这种内部领域中再现出来，对我们而言，所有的差异就是不存在的。

但是，如果能少依赖一些内省，我们可以让这些差异凸显出来。你可以设想一下：把一首诗学习到能够背诵，就不再管它了，过了半年后它就会被忘记，即便绞尽脑汁地回想，也无法使它在意识中再现，顶多能想起来一些零碎的片段。如果把这首诗再学到能够背诵的程度，那么，有一种现象就会显现出来：表面看起来，似乎是把这首诗完全忘了，但在一定意义上，它还是存在的。从某种形式上来讲，第一次的记忆还是有效的。因为，第二次的学习比第一次的学习要节省一些时间或少诵读一些次数。比起学习长短一样的诗，也会节省时间和诵读次数。在诵读时间和诵读次数的差异中，通过测量，我们得到学习半年后再形成诗的连贯观念组合中存在那种内在能力的数据。由此可预期，在较短时间之后，两次学习的差异大些；在较长时间之后，这种差异会小一些。如果第一次的识记很用心、很细致，继续了较长的时间，这种差异就比第一次识记漫不经心的、断断续续的要大一些。

总之，我们可以确信一个事实，那就是：用数量表示的、阈限下存在的成组的概念之间是有差异的。这些差异在其他情况下，我们只是承认它们存在，但无法直接观察验证它们。由此，我们可以得出一些结论，它们是我们应用自然科学方法的基础，这就是在效果方面可以清楚地确定的现象，它是随着条件的改变而变化的，可以做数量的确定。至于我们是否对这些内部的差异得到了正确的测量，是否由此能够对这种心理活动的因果关系建立正确的概念——这是无法预先给出答案的。就像化学家在化合作用中，要确定化学有效能量的正确指标到底是电的现象、热的现象，还是其他伴随现象，都无法预先确定。对此，只有一种确定的方法，那就是先假定假设是正确的，然后看实验过程中能否得到可以很好整理的、不自相矛盾的结果，且这一结果能否正确地预测将来。

我从实验的角度，不考虑没有数量差别的再现发生与否的简单现象，只考虑从效果看是比较复杂的过程。我要观察与测量的是，当条件变化时，再现的变化。我的意思是说，在进行了一定次数的反复诵读之后，人为地引发再现，这种再现在平常的情况下，是不可能自动出现的。

要用实验方法实现上述所说的情况，至少必须满足两个条件。

第一，必须能够准确地规定实现目标的时间，也就是完成了学习过程，达到能够背诵的时间。如果识记过程超过了达成背诵的时间，或是没有达到，那么在情境变化时所看到的差异，就可能是由于这种不平衡导致的。如果把它归为一组观念的内部差别，就不正确了。例如，在识记一首诗的过程中，在不同的再现中，被试必须选定一种有独特之处的再现，以便能在之后的试验中准确地再找到类似的再现。

第二，必须假定在其他条件不变的情况下，可使这种独特的再现发生的诵读次数，在每次实验中都是一样的。如果其他条件相同，这种诵读次数处于变化中，那么，我们在另外的实验中，再变化其他条件所产生的差异就失去探讨这些变异条件的意义了。

第一个条件是很容易满足的，只要被试使用可以背诵的资料就行了，如字母表、曲调、诗词等。通常来说，**随着复习次数的不断增加，再现从最初的片段的、不完整的，慢慢地提升准确度，最终实现准确无误地发生。**第一次出现准确、无误的再现，可以选出来作为具有显著特点的、并且实际上能重认出来的实验依据。为了行为方便，我将其称为“第一次可能的再现”。

现在的问题是，能够满足上述的第二个条件吗？如果其他条件相同，能够导致这种再现的复习次数是一样的吗？

按照这种方式提出的这个问题，想必会遭到驳斥。因为，它听起来像一个不言自明的假设，把问题的关键点、事实的核心提到我们面前，却无法得到解决，只能让我们得出一个导致误解的答案。任何人都会不加迟疑地承认，如果实验条件完全相同，这种依存关系就会完全一样。但是，这种理论的稳定性价值不大，当我们必须进行观察的环境条件永远无法一致时，我要如何找到这种关系呢？所以，我必须追问：我能不能控制不可避免的且又经常变动的环境条件，使之固定，从而使问题中的因果关系变成可看到的、可感知的？

至此，关于正确探讨心理生活中的因果关系这一难题的讨论，就将我们引向了另外的一个问题：只要我们在重复实验时，控制住主要的条件，达到必要的一致，就可以确定原因与结果之间的相互依存的变化的量。

第3节　研究记忆的实验条件

在高级心理活动过程中，人作为被试，由于所处的国家和社会具有复杂的特性，使得任何的被试都具有不确定性。因此，多数学者们都认为，在心理实验中把条件固定下来是不可能实现的。确实，对我们来说，没有什么比心理活动的动荡不安更让人习以为常了。在心理活动中，我们没有办法进行任何的预见或进行准确计量，那些最有决定作用的因素，同样也是最大的变量。比如，心理的活力、对作业的兴趣、注意力的集中，由于突然的想法和决定引起的思维活动所发生的改变，等等。所有这些东西，要么非我们所能控制，要么只能在有限的范围内略加控制，效果都不太令人满意。

通过观察实验过程，我们得出一些结论。这些结论本身是正确的，可当我们处理实验领域之外的问题时，我们却不能过分执着和拘泥。这些不可控的因素，在一些高级心理过程中十分重要，这些高级心理过程唯有在特殊的或适当的环境条件下才会发生。当然，那些低级的、普遍的、经常发生的心理过程，也会受到一些外在因素的影响，但这些外在因素大部分是我们能够掌控的，我们可以把这些因素的影响降到最低。比如，感知觉会因个体兴趣高低的影响而在准确性方面有所差异，它也会由于外界刺激或观念上的变化而经常地改变方向。虽然这些影响会存在，但总体来说，当我们愿意去观察时，就能够看到一所房子，只要房子在客观上没有发生变化，我们就能连续10次地看到它实际条件下同样的图像。

普遍的观点认为，一般意义上的记忆保持和记忆再现，在等级上和感知觉比较接近。那么，我们不妨假定，记忆和感知觉的活动规律在这方面相似，这个假设看起来没什么不妥之处。但这真的与实际情况相符吗？该问题的答案，只能像我们之前所说的那样，无法预先确定。我们现有的知识不太完整，且太一般化，大部分的知识和结论都是从对特殊事件的观察中得来的。依据这些知识和理论，我们无法明确回答“记忆和感知觉的活动规律相似”的问题，只有针对这一问题进行特定的实验才能得出结论。**我们必须用实验的方法将已知的和假定的，尽量控制好对记忆保持和记忆再现有影响的环境条件，使之趋于稳定，然后确定这样做是否充分。**材料必须是这样选择的，至少从各方面看来，可以排除有决定影响的兴趣的差异，以防外界的干扰，使注意力保持一致。当然，对于一些偶然的想法，我们是无法控制的，但它的影响也只限于当时，倘若把实验的时间延长，这种情况对实验结果的影响就很小了。

然而，当我们用这样的方式将我们能够得到的条件，都最大限度地控制稳定时，我们如何才能知道，为了实验的目的，这些准备和条件就够了呢？环境条件在敏锐的观察下，总会有一些差异，那么如何才算是足够的稳定呢？答案是：当重复实验时，结果是稳定的。这种说法听起来挺简单，但如果对问题进行深入思考的话，就会发现还有另外的困难。

第4节　记忆的恒定平均值

当进行实验的环境条件几乎不变，重复实验得到的结果如何才算一致，或足够一致呢？是不是第一次实验所得结果的相关数值，和第二次实验的结果数值一样，或差异微小，我们就可以忽略它们之间的差异，认为结果是一致的呢？

显然不是。这样的要求太高了，即便在自然科学实验中，设置如此苛刻的要求也是不必要的。那么，可靠的数据是多次实验结果所得的平均数吗？

显然也不是。这样的要求又太低了。对于目的、条件相似的任何实验过程，把从任何角度得到的大量观察材料结果相加再相除，几乎都能得到相当一致的平均数值，可这种数值对于我们的实验目的而言，参考价值非常小，或者说根本没什么价值。

两根标杆的实际距离，在一定时间内一颗星的位置，增加一定温度后某种金属的膨胀……所有这些数值和其他物理、化学上的常数都是一些平均数值，只是高度接近恒定而已。再看另一组数据：一个月内某地的自杀人数，某一地区的人均寿命，某条街上一天经过的马车和行人的数目……也是很显著地恒定的，每种数值都是大量观察材料的平均数。这两类数值，我暂时将其称为自然科学的常数和统计的常数。大家都知道，上述两种情况是由于不同原因而形成恒定数值的，对于形成因果关系的解释，它们有着截然不同的意义，主要表现在以下几个方面。

自然科学中的常数，每次所产生的效应都是由完全相同的一些原因组合而引发的。这些原因不总是以完全相同的数量参加组合，比如一定的调整和读数上有少量的误差，导致材料的结构或成分发生变异，等等。这些原因都会导致个别数值出现一些差异。不过，结合以往的经验，我们会知道，不同原因导致的这种波动并不是绝对无规律的，它通常都是在一个有限的、相当小的范围内变动，围绕着一个集中数值对称地分布着。

如果把一些个案合并在一起，不同原因引发的变异效果会相互抵消，被它们环绕着的集中数值所湮没。合并这些数值的最后结果是大致相等的，就像变动的因素，在变动的过程中，该概念上和数值上保持相对恒定一样。在这样的情况下，平均数值就是那些概念明确、有确定范围的因果关系的系统的量化表现。这个系统中的一部分如果发生改变，平均数值也会随之产生变化，对于那些变异在全体组合中所产生的效果，仍旧是正确的测量。

另一方面，不管从哪个角度来考虑统计常数，我们都不能确定，它们当中的每个数值是否是不同原因组合的结果，这些原因是在相对小的范围内对称地波动的。个别不同的结果，往往是多个因素以非常复杂的方式相结合的产物，这些不同的原因也可能彼此有些共同的因素，但整体来说，它们似乎都不存在共同性，只是与结果相对应的某一个特点。很自然地，不同因素就会导致不同的数值。

在这里，我们把较大的集体合并起来，还会得到大体一致的数值。为了让这个事实变得更容易明白，我们可以换一个角度说：在相等的、相当宽广的时间或空间里，不同原因的组合有大致相等的机会出现。之所以这样说，也只是承认现存的、自然的特殊秩序而已。所以，这些恒常的平均数值只代表现在不确切的原因组合，而无法代表确定的不同的原因组合。所以，由于实验条件的变动而导致实验结果发生变化，并不单纯是这些变动的结果的测量，而只是它们的一些指标。对于确定量化的依存关系而言，这些指标没有什么直接的价值，只是为这些关系的存在提供一些准备而已。

现在，让我们回到本节开始时的那个问题。在什么样的情况下，什么时候，我们才算是实现了通过实验方法让条件保持一致呢？答案就是：当几次观察材料的平均数值都大致相等的时候。同时，我们还可以假定，不同的个案是属于同一因果系统的，在这个系统内的各种成分并不仅限于固定的数值，而是一个小范围内的数值，对称地环绕着一个中间数值而变动。

第5节　测量中的误差定律

上述的说明并没有给予我们的问题以解决之道。我们渴望知道，如果通过某种方式找到了心理过程中恰当的、恒定的平均数值，那么为了进一步应用这个平均数值，我们要如何假定一种单纯的、有决定作用的条件呢？物理学家在研究中通常会预先知道他要处理哪种单一的因素组合；统计学家要知道他会处理哪些成组的因素组合，这些因素组合是用任何分析方法都难以分解的。他们都是通过简单的知识，预先了解自己将要处理的因素，因而在进行深入的研究之前就已经明确了整个实验过程的性质。

我们在前面的章节也提到过，已有的心理学知识过于笼统，我们无法依靠它们来确定是否能够使一些实验条件固定下来，而且它们也无法为我们提供参考，让我们明确在一些案例中要处理的是一种单纯的因素组合，还是同时起作用的多个因素组合。这个问题涉及，如果我们通过其他标准，使得实验条件相对稳定，所得到的结果能否把整个实验的前因后果说清楚？

我们得出的结论必然是：通过这种方式得到的虽然不是绝对准确的结果，却无限接近准确。这是因为，我们采用了一些物理常数并预设了和物理实验一样的假设，在这样的条件下，心理学的实验才开始迈出第一步。反复比较预设计算出的数值和实际的实验所得的数值，结果表明，假设所得数值和实际所得数值之间有很大的共性，足以导致结果一致。由此，我们得出的结论是，预设的结果和实际数据是很接近的。预设结果的关键在于，把一些之前多次提到的、由同类因素产生的个别数值合并起来的结果，用一个数学公式表示，这就是我们要谈的误差率。这个公式有一个显著的特点，它只包含一个未知数，这个未知数就是个别数值的集中趋势强弱的量化。它依据观察材料种类的不同而变化，依据具体数值的计算来确定。

我们这里的任务不是要仔细剖析这个公式，如果有对此感兴趣的读者，可以去看概率计算和误差理论方面的书籍。对于不熟悉概率计算和误差理论的读者而言，我们将以图解的方式来说明和讨论题解，以便于理解。

设想，一个实验观察反复进行了1000次，每一次观察材料用1mm表示，它的数值和1000次观察材料的中间数值之间的差异用图2-1中的pq水平线来表示。把每一次相当于中心数值的观察结果在mn垂直线上画1mm。每次的比中心数值大一个单位的观察结果在mn右边距离1mm的线上画1mm。高于中心数值的观察结果画在mn的右边，低于中心数值的结果画在左边。之后，我们会看到，画出来的图形轮廓很整齐。如果有些数值是这样的性质，它们的中心数值可以视为和物理学中的常数一样，曲线的形成就是图2-1中（a）和（b）的样子。

如果中间数值是一种统计常数，曲线就可能是任何形式的。由一组观察所得的曲线的形状，到底是扁平的还是细高的，要看观察对象的性质。实验过程中，我们的观察越精确，数据就越趋向于中间数值，偏差较大的数据越少，曲线显得越细高。对于部分特定的观察来说，主试人员如果从观察中得出了数据的规律，他就能得知全部观察的大致情况。比如，他获得了一定数值偏差发生的次数频率，那他就能在一定范围内预测会发生多少次偏差。或者，他也能够预见到，在一定数值和中间数值之间的个例数值有多少，占全部观察结果的百分比是多少。在图2-1（a）中，+W和-W两根线中间包括了代表全部观察结果的一半数据。但是，在图2-1（b）所做的更精确的观察中，+W和-W与mn的距离只有图2-1（a）的一半。所以说，+W和-W之间的相对距离，也可以被视为衡量观察精确性的指标。

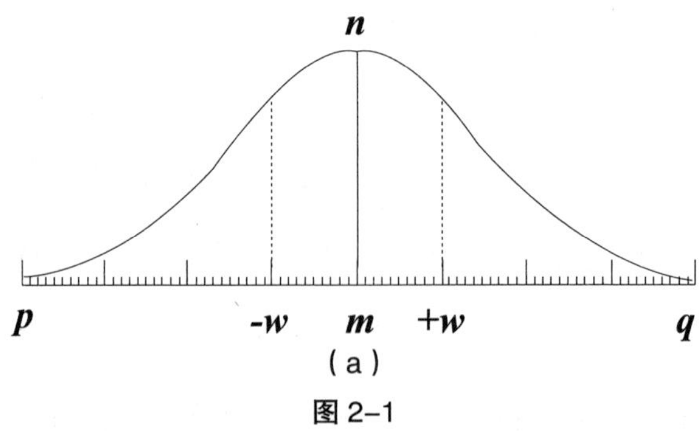

（a）

图 2-1

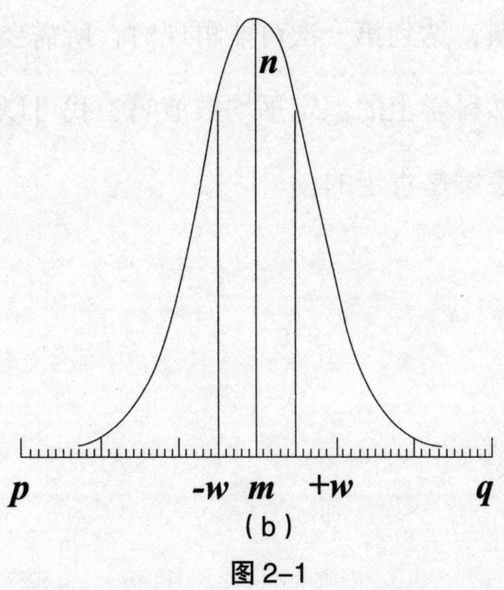

（b）

图 2-1

可以说，只要一组结果的产生每一次都是由相同的因素组合引发的，该因素组合每次只受一些偶然条件的干扰，那么，这些结果的数值就会按照误差律进行分配。但如果把这个命题反过来推，得出的结论是：只要数值是按照误差定律分配的，那么结果就一定是这类因素造成的，这个结论就未必是对的。大自然不会偶尔用更复杂的方式引发类似的组合吗？现实中，这样的情况似乎很少见。在统计上，化为平均数值的所有组合中，通常还没有发现一种是没有任何意外地产生于特定数量的因素系统，表现出完全按照误差律进行分配的情况。

所以，这个规律不是完全可靠，但它最接近真相，若用它作为标准，可以判断出在所有过程中获得的接近恒定的平均数值，是否能在试验中作为纯正科学常数来运用。误差律不为这样的应用提供充分的条件，可它却能提供必要条件，这就是为什么我用它所提供的准则作为前面提到的那个问题的答案：如果把条件尽可能地控制在稳定的状态下，学习同样性质的材料，达到第一次可能再现时，所需要的重复遍数的平均数，可以作为自然科学上的恒定平均数值吗？我可以事先告诉大家，研究的结果证实，答案是肯定的。

第6节 小结

在研究心理过程中应用自然科学的方法，我们可能会遇到两种根本性的困难。

第一，**心理活动的经常变化和反复无常，使得我们无法预先设定稳定的实验情境。**

第二，**心理过程无法进行测量或计量。**

在记忆（学习、保持、再现）这一比较特殊的研究领域内，第二种困难可以在一定程度上被克服。在这些过程的外部条件下，有些实验数据能够直接测量，如学习的时间、复习的遍数。在无法直接测量的领域内，我们也能借助可测量的数据，通过计算和推演得到间接的数据。我们不能等着记忆中的内容自动浮现到意识中来，而是要在半路上迎接它们。当我们把学习材料复习到一定程度时，它们就能准确无误地在我们的脑海中再现。在实验中，我把在一定条件下达到这个标准所需要做的工作，作为这些稳定条件影响下的测量数据，我把在条件变化时，工作中发生的变化解释为条件变更影响下的测量数据。

第一种困难是否能够被克服，我们要根据具体的实验来定，不能预先给出答案。实验必须在尽量相同的条件下进行，之后，在大的实验组别中得到结果后，在考察结果是否能提供恒定的平均数值，这些结果单独看上去可能彼此间的差异不小。但是仅仅靠这一点，还不足以说明得出的这些数据具备自然科学意义上的使用价值。统计学处理大量的恒定平均数值，这些数值并不总是从理想化的、常见事件的反复出现中提炼出来的，所以我们无法从数值中进一步看出它的性质。我们的心理活动很复杂，以至于当我们得到恒定的平均数值时，还不能否认这些数值仅仅是统计学上的常数而已。我通过检查该平均数所代表的个别数值的分配，来验证这一点。如果这种分配相当于自然科学中随处可见的对一种事件重复观察所得到的个别数值的分配，那么，我姑且承认，在足够相似的条件下，对心理过程进行重复观察可以达到我们的目的，这种假定并不是必然的，但有一定的可能性。如果它是错误的，接下来进行的实验可以自行表明，因为从不同角度提出的问题，会导致自相矛盾。

第7节　概率误差

前面说过，我们在实验中可以选择不同集中程度的测量观察数值和代表数值分配的公式。我所选用的概率误差（Probale Error，缩写为P.E.），包含一半的超过平均数值的观察数值，另一半则是不及平均数值的观察数值，两者之间的误差就是概率误差。也就是说，在平均数值的正负两面的限度内，围绕平均数值对称分布着的大于和小于平均数值的观察数值。从定义中可见，这些数值能够直接从实验结果中提炼出来，但如果根据理论计算，能够更加精确。

对实验中的任何一组观察材料进行计算，将数值按照误差律进行分组，你都可以看出，在概率误差的分数和概率误差的倍数范围内，围绕中间数值对称地分布的个别数值的数量，和我们在理论上所推演的结果一样。

在1000次观察数值中，计算结果可见表2-1。

表 2-1

在下列概率误差内	个别数值
± 1/10 P.E.	54
± 1/6 P.E.	89.5
± 1/4 P.E.	134
± 1/2 P.E.	264
± P.E.	500
± $1\frac{1}{2}$ P.E.	688
± 2 P.E.	823
± $2\frac{1}{2}$ P.E.	908
± 3P.E.	957
± 4P.E.	933

如果在一定程度内存在这种一致性，那么只要说出概率误差，就能够说明所有观察数值分配的特点。同时，对于它们环绕中心数值分布的集中性也是一种恰当的测量，也就是中心数值的精确性和可靠度的测量。

如同我们提及个别观察结果的概率误差一样（P.E.0），集中趋势或平均数值也存在概率误差（P.E.m）。平均数值的概率误差就是，对同样的现象观察多次，每次将同样多的观察材料合并起来计算中心数值，再把每次所得的平均数值按照同样的方式进行分组，求得概率误差。这一概率误差可以对多次重复观察中得到的平均数值的变动特点，提供简单但充分的说明，同时也是对所得结果的真实性和可靠性的一种测量。

通常来说，P.E.m包括以下各点。

对于计算P.E.m方法的生成，我们在此就不详细解释了，只说明它的意义即可。它告诉我们：根据它得出的平均数值，我们能够推演出其背后全部观察材料的性质。能够预见到的是，**由一对一的机会，这个平均数值和假定准确的平均数值之差，不超过它的概率误差所对应的数值**。我们所谓假定准确的平均数，是指如果把观察反复进行无限次，可能得到的平均数。从数学意义上来讲，比概率误差更大的误差，不发生的可能性大于发生的可能性。再看一下上面的表2-1，我们能够看出：随着概率误差数值的增加，较大误差产生的可能性逐渐变小。所得的平均数值偏离真实平均数 $2\frac{1}{2}$ 缺数值倍数的概率误差时，发生的机会是92：908，差不多是1/10的机会，而相差4个概率误差的机会就更小了，是7：993，也就是1：142。

第三章

记忆的研究方法

第1节　无意义音节组

为了尝试以一种全新的实验途径（虽然只是在一个有限的领域内）去深入研究记忆过程，前面的讨论也是为了这个目的，我想到了下面的方法。

用字母中的辅音字母和11个元音和双元音作为学习材料，把母音放在两个子音中间，可以拼出所有形式的音节。其中，应用的元音是a，e，i，o，u，ä，ö，ü，双元音包括au，ei，eu，以这些元音和双元音作为音节的头一个字母；用了以下的辅音：b，d，f，g，h，j，k，l，m，n，p，r，s（=sz），t，w，还有ch，sch，软音s，和法文中的j（共19个）；作为音节的最后一个字母，应用了f，k，l，m，n，p，r，s（=sz），t，ch，sch（共11个）。用作音节的尾音比用作音节头的字母要少一些，就算是学习了多年外国语的德国人，对于放在末尾的中间音，也无法正确地发音。同样，我也没多用其他外国音，虽然最初为了丰富材料内容，我很想用一些外国音。

这样的音节组合总共有2300个左右，将它们打乱，混在一起，随机抽取一些出来，做成长短不等的组，每次选几组作为一个实验的材料。在之后的文章里，我会把几个音节合成的实验材料单位叫作音节组，几个或一个音节组的组合称为一个实验，几个实验称为实验组或实验组合。

最初准备音节时，我制定了几条规则，为的是避免过快重复相近的发音。可惜，我并没有严格遵守这些规则，以至于很快就将它们抛之脑后，完全随机行事了。我会把每次用过的音节搁置在一边，等全部用完之后，再将它们打乱，混合起来重新使用。

用这些音节进行实验，为达到这样一个目标：重复出声诵读音节组，以至读后立刻能把它们有意地复现出来。如果拿出第一个音节，第一次就能用一定的速度，毫不迟疑地背诵出全组的音节来，并确认背诵准确无误，就算达标了。

第2节　实验材料的优点

前面提到的无意义音节学习材料有诸多优点，其中之一就是它没有任何的意义。这一点保证了它是相对简单和单纯的。我们常用的一些材料，如诗歌散文，在内容方面，有的是记事的，有的是抒情的，有的是说理的；所运用的句子，有的是悲伤的，有的是幽默的；所用的比喻，有的是美丽的，有的是粗犷的；它们的韵律有的是流畅的，有的是艰涩的。这样的材料会对学习产生很多影响，加之它们的变化没有规律，也会对学习造成一定的干扰。诗歌、散文涉及的内容，忽而这里，忽而那里，会引起被试的联想和不同程度的兴趣。几句诗歌，由于题材的特殊性或是措辞的优美，或者其他原因，也会引发被试的回忆和联想。我们发明的无意义音节，完全可以避免这些问题。在几千种的音节组合里，只有几十个可能会有些意义，可就算是这些有意义的音节，被试在识记的时候也很少能察觉出来。

然而，我们也不能过分高估这种实验材料的简单性和单纯性，它离我们的理想要求还有很大的差距。学习无意义音节，要调动视觉、听觉和语言三种感觉器官。虽然这三种感觉器官的活动都有限，也都是相同的，但由于三种感官联合活动，我们能够预料，在实验结果中会有一定的复杂性。特别是音节组的单纯性，远远不是我们想象的那样。

在学习的难易程度上，这些音节组也有很大的不同，有时甚至到了让人费解的程度。从这个角度来讲，无意义学习材料造成的差别和有意义材料造成的实验差别没什么不同。至少我看到，在学习拜伦的《唐璜》一诗的几个章节时，实验所得的个别测量数值的分配差距，并不比用同样时间学习无意义音节组时的数值分配的差距更大。在前一种学习中，前面说的联想干扰等无数影响似乎都抵消了，只造成中等的影响。在后一种的学习中，由于各国语言的影响，对某些字母和音节发声的倾向性却大不一样。

但是，无意义音节材料有两方面的优点是毋庸置疑的。

首先，它可以有无穷尽的性质相似的新组合，这是诗歌片段和散文片段无法比拟的。它还可能有适当的、确定的、数量上的变化，而韵文或散文如果在末尾之前或中间截断，就会不可避免地以不同形式破坏原意而导致复杂的情况出现。

数字组我也试用过，但它们对于严格的实验来说不太适用。它们的基本元素在数量上过少，很容易就用尽了。

第3节　最恒定实验条件的设置

实验中，我为识记过程制定了以下几条规则。

1.每组音节都要从头至尾念上几遍，在一组音节中不再进行分部学习，哪怕是特别难的部分，也不可以摘出来多念几遍。诵读和尝试背诵可以自由地交替进行，再尝试背诵时，只要有迟疑和不确定的情况，就要从这一音节读到这一组的末尾，然后再从头诵读。

2.按照固定的速度读诵和背诵音节组，一分钟念150个音。最初是用一个节拍器来调节速度，后来改用钟表的嘀嗒声来调控，这样干扰会更少，操作也更便捷。

3.连续发音时几乎无法避免重音变化，为此我采用了下列方法，以防止发音的不规则变化：用三个或四个音节组成一个音格，或者是第一、第四、第七或者第一、第五、第九，等等。音节读成轻微的重音，尽可能地避免其他方式的加重音。

4.一组音节的学习达到成诵后，有15秒的时间间隔来记录结果。然后，进行同一实验组中的下一组。

5.在学习过程中，要经常下意识地思考这件事：要实事求是、尽快地达到学习目标。尽量把注意力放在有挑战性的工作和要达到的目标上。意识的影响，在这里能够发挥一定的作用。毫无疑问，集中注意力，避免一切外界干扰，能更快地达到学习目标。集中精力的好处还在于，就算我们在不同的环境中进行实验，也可以避免环境引发的小干扰。

6.在学习无意义音节时，不能使用任何记忆技巧引发音节之间的特殊联系，学习只是依靠重复诵读对于自然记忆的影响。我不太懂记忆技巧方面的知识，所以这一原则对我来说，执行起来没什么困难。

7.最后一条原则，也是最主要的一点：实验期间，小心地控制自己的生活习惯和客观条件，避免太大的变动或不规律的生活。因为这项实验需要持续很长时间，历时几个月或几年，所以避免生活中发生太大的变动，在一定限度内也是可能的。

即便如此，我依然做了很多努力，使那些实验结果需要直接进行比较的实验保持在尽可能相同的条件下进行。特别是在实验之前，尽可能让活动的性质保持稳定。人的心理和身体状态在一天24小时之内会有显著的周期变化，我只有选择每天在相同的时间进行实验，才可能为实验创造相同的条件。但是，有时候因为一天不只进行一次实验，所以有些实验是在一天的不同时间内进行的。如果我的外在环境或情绪发生了较大的变化，我会把实验中止一段时间。在恢复实验之前，要根据中断时间的长短，先花费几天时间重新进行训练。

第4节　误差的产生

在选择学习材料和制定、应用学习材料的过程中，我主要遵循这一原则：**努力使要观察的活动条件，即记忆活动条件，尽可能地简单，同时尽量保持观察条件稳定不变。**我们在这方面做得越成功，观察活动距离日常生活中活动时面临的那种复杂而多变的情境就越远，距离我们的现实也越远。但这不能作为反对我的这种研究方法的理由。物理学中研究自由落体和没有摩擦的机械运动时所做的实验，和那些对我们有重要意义的、在现实中自然发生的情境比较起来，也只是抽象意义上的。

要直接得到与复杂的、真实的时间相关的知识，我们几乎没办法做到，**只有通过间接的方式，人为地把自然界很少提供或没有提供的实验情境打造出来、累积起来，来得到我们想要的知识。**

暂时让记忆活动和日常生活失去联系，这一事实的严重程度远不及它的反面，即记忆和生活事件的纠缠和条件波动的关联。要得到尽量简单、稳定的观察条件，必然会受到很多阻碍，阻碍的根源来自事情本身，是它让我们的努力受到挫折。学习材料不一致是无法避免的，外界条件的不稳定、不规律也是难以消除的，这个问题我们在前面已经提到了。现在，我想说说另外两种比较难以克服的困难。

通过反复诵读，音节组很容易被识记。我们可以假设：在第一次可以背诵、复现音节组的时刻，所达的水平总是相同的。若真如此，那么这具有特点的第一次的复现，都是音节组同样的、无变化的一种外部指标，这对于我们而言很有价值。然而，现实的情况并非如此。

在第一次可能的复现时，不同的音节组的内部情况并不总是一样的，我们最多只能假定，在这些不同的音节组中，这些情况是以相同程度的内部确定性来波动的。在一组音节组达到第一次自动复现之后继续学习，这种情况会更明显地表现出来。通常来说，达到第一次自动复现后，这种能力可以继续保持。在很多情况下，它在第一次复现后，立刻就消失了，而只在继续学习几次后才会再次出现。

这种情况说明：记忆音节组的倾向，无论是因为一天之中时间、客观和主观条件的不同而产生较大的差异，还是因为发生在瞬时间内的注意力较小变化，都叫作注意力波动。在学习材料的过程中，如果被试刚好处于一种特殊的、情绪上的愉悦状态中，那么音节组可以很快被掌握，但这一资料难以长时间地保持。反过来，如果当时被试比较钝感，那么第一次无差误的复现和前述状态下的复现相比，就会延迟一段时间。虽然被试认为他自己掌握了所学的材料，但实际的情况是，他在复现的时候总会打绊或迟疑。

在前一种情况下，虽然外界条件一样，第一次无误复现发生在正常地与之相联系的记忆保持水平之下，在后一种情况下，它达到比正常稍高的水平。在此，我们可以很有把握地对这些差异进行一种推测：它们会在较大的组合中彼此抵消。这一点，我们之前也说过。

还有一种原因，是记忆误差产生的另一个来源。我只能说，它有可能导致误差的产生，且一旦产生，就会成为很大的危险源。这种危险指的是，且对未成形的意见和理论产生令人不易察觉的影响。多数的实验研究，通常都是从“结果会是怎样的一种情况”的预见性假设开始的。在实验者不得不单独进行工作时，如果最初没有预先的假设，那么，它也会在实验过程中逐步地形成，而不太可能发生这样的情况：在进行实验的整个过程中，既不关注所得的结果，也不去预测结果。

实验者在实验过程中，必须知道问题提得是否恰当，是否需要进行补充或修正。对于结果的波动，实验者也要进行控制，以便使不同的观察持续足够的时间，从而得到有充分确定性的平均数值。在得到并分析了数量化的实验结果后，每个实验者都必然要对结果中所隐藏的、所提示的普遍规律进行假设或推想。在实验继续进行时，这些假设、推想会跟那些在实验一开始就有的想法，形成复杂的因素，可能会在一定程度上影响之后的实验和结果。当然，我这里指的是无意识的、我们察觉不到的影响。这种影响恰恰使一个人，努力想让自己不带任何偏见，或是想要摆脱一种想法，而这种极力渴望摆脱的企图刚好助长了这种想法或偏见。

实验结果，通常是在预期的知识和充满希望的努力中孕育着的。如果实验者只是告诉自己，不能为这样的期待改变研究的客观性质，那么这种态度是没办法得到预期目的的。相反，这些期待会持续存在，并且会在实验者内部态度的形成过程中起到一定的作用。

在学习的过程中，被试如果注意到自己的预期或推想得到了证实，他会感到满意和惊奇。我们可以设想，被试有着严谨的态度和品格，可一旦发现结果中特别明显的正负偏差时，难道不会在毫无意识的情况下，在态度上发生细微的变化吗？相反，如果他预先对结果的可能数值完全没有想法，那么，实际的结果出来后，他还会在这里紧张一点，在那里松一口气吗？我不能确定这样的情况是否会经常发生。因为在实验的过程中，我们处理的是无法直接观察到的事实。另外，有些结果可能被隐蔽地歪曲了，并没有呈现出受到影响的情况。我所能说的是，从我们所关注的人之本性的一般常识来看，我们可以预期会有这一类的事情发生。在个体的内部态度具有重要意义的所有研究中，如关于感知觉的实验中，对这种会导致偏差的影响，我们必须加强注意。

现在，我们要弄清楚，这种影响在一般情况下是如何显现出来的。对于平均数值来说，这种影响往往趋向于把极端数值拉平。在我们预测有极大或极小的数值时，这种影响会使得这些数值进一步增大或缩小。如果实验是两个人做的，那就可以在一定程度上避免这种影响。其中一个人作为被试，在一定时期内不关注研究的目的和结果，以便减少干扰；另外一个就只有用间接的方法，但这样可能只得到一定程度的帮助。

我自己做被试，就在尽可能长的时间内，让自己忘掉确切的结果，或者干脆与结果隔离开来。把研究工作延长到一定时间，就能使所研究的变量达到最大限度。在这样的情况下，实验就很难再受什么东西歪曲或左右了，就算是有，也不太重要了。最后，被试可以提出很多看起来没什么关联的问题，以此使相互联系的心理过程的真实关系突破障碍，自行表露出来。

在后面列出的结果当中，受到上述误差因素多大的影响，我们一时间难以确定。数据的绝对数值肯定会受它们的影响，但实验的目的不是精确地确定绝对数值，而是获得比较的结果和相对更一般的结果，所以我们不必过分纠结这些误差因素。

在一个重要的个案中，我们能够确信，排除对结果性质的任何知识，并没有产生任何变化。在另一个案例中，我自己却没有办法消除这种疑虑，而特别关注它。不管怎样，任何过高估计这种隐蔽愿望对整个心理态度无意识影响的人，也必须考虑获得客观真理的隐蔽愿望。可以说，这种愿望在这些可能受影响的复杂机制中占据了一定的位置。

第5节　必要的工作量测量

在实验的过程中，记忆一组音节达到第一次复现所需要的诵读次数，是由记忆所需要的时间秒数间接计算出来的，而不是直接计数的。我这样做是为了避免和计数相联系的干扰。我假定，在一定的诵读节奏下，任何时间内的诵读次数和所用时间之间存在一定的比例关系。当然，我们不能指望这种比例完全精确，因为在计量时间内，我们会考虑到诵读过程中发生的犹豫、思考的时间，而计算次数时，这些情况就不计算在内了。用时间进行测量比按次数进行计算，在诵读有较多诵读困难的音节组时测量的数值，比诵读容易的音节组测量的数值高出很多。但是，在有大量音节组的组合中，那些诵读难的和诵读简单的组，测得的数值是大致平衡的，所以比值（时间和次数的）上的偏差，也跟任何一组中一样，相互抵消了。

在一些实验中，需要直接计算次数时，我会用下述的方法进行。

把直径14mm、厚4mm的一些小圆木片穿在一根绳子上，这些木片有一定的重量，可以随意挪动，但不会轻易滑脱。每隔10块木片都涂成黑色，其余是木质本色。在进行识记时，手里拿着绳子，每念一遍音节组就把一块木片从左到右移动几厘米。当音节组能够达到背诵时，看一下绳子，数数移动的木片数量，就能够算出诵读的次数。这种操作无须花费太多的注意力，所以按照诵读的次数计算并不比以前的试验更耗费时间。

用这种时间计量和次数计量同时进行的方法，让我能够更加精准地确定，预想中的结果和前面已经说明的结果之间的相互关系。如果能够严格遵循事先规定的每分钟读150个音节的节奏，就相当于每个音节用时0.4秒，然而当诵读被试行背诵打断时，无法避免的迟疑就会延迟时间，但所加不多，且是相当一致的。不过，实际情况不总是这样精确，而且还会出现下列的一些变异。

当被试的主要任务是诵读音节时，他会产生一种不自觉地有利趋向，会加快诵读的节奏，这样就把每个音节的时间缩短了，使之少于标准的0.4秒。当被试的任务是诵读和背诵交替进行时，所用的时间会延长，且经常是不一致的。在较长的音节组，时间延长得更多。在这样的情况下，由于音节组的增长导致难度提升，诵读的速度就会不自觉地、无意识地降低。如表3-1、表3-2的材料说明。

表 3–1

16 个音节的组，主要诵读次数	每音节需要的平均时间 /s	音节组数	音节数
8	0.398	60	960
16	0.399	108	1728

表 3–2

每组中的音节数 X	诵读和试行背诵的次数 Y	每音节需要的平均时间 Z/s	音节组数	音节数
12	18	0.416	63	756
16	31	0.27	252	4032
24	45	0.438	21	504
36	56	0.459	14	504

每当注意到发生了离开正确比例（时间次数）的偏差时，被试就会在学习中产生一种意识的反应，试图纠正这种偏差。

最后，时间测量的概率误差看起来是比次数的要大一些，按照上述的说明，这种关系也很容易理解。在实际的测量中，大的数值发生在诵读难度较大的音节组中，相对而言，它的次数的数值要大一些，是由诵读时发生迟疑导致的。反过来，诵读比较容易的音节组，其较小的诵读时间数值相对小于诵读次数的数值。所以，时间数值的分配要比次数数值的分配范围大一些。

我们现在看到的这两种计算方法的差异，在一些对精度要求较高的研究中，会导致不同的结果。但在我们这个实验中，还不至于导致太大的差异。所以，这里用时间数值还是用诵读次数，并不是那么重要。

我们无法预先确定，这两种方法究竟哪一种更正确，哪一种可以对实验中的心理过程进行更恰当的测量。可以说，一次有迟疑的诵读和一次简单流畅的背诵诗句，是同样有效的，它们可以做同样的计算。但从另一方面来看，也不能把追忆思索耗费的时间单纯地视为一种损失。任何情况下，在这些时间里依然有心理活动在进行：一方面是快速重新回忆刚刚学习过的字句，以便在重新背诵时不会再有迟疑；另一方面，对于下面的字句可以高度集中注意力。如果是这样的情况，那么，就发生了对所要识记的内容更加巩固的记忆，既然如此，这些时间就应该被考虑在正常的实验当中，只有通过测量时间，它们才会得到应有的重视。

只有在计算中出现了特别大的差异时，我们才可能看出哪一种方法更合适，而那种更合适的方式就作为实验结果的简单表达了。

第6节 实验进行阶段

实验分别在两个时期进行，一个是在1879—1880年，另一个是在1883—1884年，均持续了一年多的时间。在第一次进行正式实验之前，我花费了很长时间做了一个与之类似的预备性实验。所以，在本书所报道的结果中，通过练习增进技能的时期已经过去了，我并没有提及。在实验的第二阶段刚开始时，我又谨慎地给自己重新制订了一些训练。这样，中间相隔了三年多的两个阶段的实验结果，可以通过一定方式相互进行检验。坦白讲，这两个阶段的实验，并不是可以严格进行相互比较的。

在第一个阶段的实验中，为了避免被试在注意力高度集中的情况下迅速掌握音节组，我在制订实验规则时要求识记音节组达到两次无误的复现。后来，我放弃了这种方法，以第一次流畅地复现作为标准。显然，早期用的方法在很多情况下延长了学习的时间。还有，在每天进行实验的时间安排上也有不同。在第二个阶段，所有的实验都是在下午1:00—3:00钟进行的，第一个阶段的实验则均衡地安排在三个时间内，上午10:00—11:00，11:00—12:00和下午6:00—8:00。为简单起见，我把这三个时间段分别称为A、B、C。

第四章

所得平均数的应用

第1节　实验结果的分配

按照之前的方式进行实验研究，需要解答的第一个问题就是，实验结果所得平均数的性质。也就是说，我们要确定，被试在尽可能相同的条件下，识记一定长度的音节组所需要的时间，按一定的方式分组计算，我们是否能把得出的平均数值视为具有科学价值的量度？

如果实验是按照几个音节组连续识记的方式进行的，我们是不能把它们的时间数值作为一组计算的。因为，在一次实验中，当学习的时间延长以后，学习各音节组的条件就会发生一定的变化。就我们所知道的这些变化的性质而言，我们不能指望它们围绕一个核心数值对称分配。因此，这些结果的分组分配就是不对称的，不符合“误差律”。这些条件的变动是随机的，最大的特点就是：**心理的新鲜活力降低，这种降低最初很快，随后逐渐减慢，最后变成心理疲劳；也会因为异常的干扰，导致学习过程变慢。可以说，这些变化的原因毫无规律可言。**由于这些原因，一个音节组的学习时间可以偶然地比平均数值多一倍或更多。与之相反的是，特别努力的识记却又能使时间缩短。当然，不管怎么缩短，也不能把学习时间减少到零。

如果把一些音节组的组合合并计算，每个组合都包含同样数目的音节组，被试在连续学习的状态下，那些干扰的影响就能够完全消失或几乎完全消失。在一个组合中，心理活动降低的情况通常跟另一组合中相同。在同样的条件下，发生在一刻钟或半小时内的注意的积极波动和消极波动，在每一天中也几乎是相同的。所有需要回答的是：学习相等的音节组组合的时间，是否能够表现所需要的分配形式？

我可以十分肯定地回答这个问题。曾经，我在相似条件下进行过最长的两组实验，在上述理论意义上，它们都不是很大的实验组，它们的弊端在于，中间间隔了很长时间，在间隔时间内发生了许多情况上的变化。尽管如此，它们的最终结果和理论所要求的依然很接近，这正是我们所希望看到的。

第一组实验是在1879—1880年进行的，它包括92个实验。我作为被试，要在每个实验中识记8个音节组，每组13个音节。学习时要达到两次无误的复现。8个音节组识记时间的总和，包含两次复现的时间，平均是1112秒，概率误差是±76。在结果中，波动很明显，落在1036和1188范围之间的只有一半平均数，另一半则分布在这个范围上下。详细的数字分配情况，请见表4-1。

表 4-1

概率误差范围	偏差数值	包括数值	
		实际计算	理论计算
1/10 P. E.	±7	6	5
1/6 P. E.	±12	10	8.2
1/4 P. E.	±19	13	12.3
1/2 P. E.	±38	30	24.3
P. E.	±76	45	46.0
$1\frac{1}{2}$ P.E.	±114	61	63.4
2 P. E.	±152	73	75.6
$2\frac{1}{2}$ P.E.	±190	84	83.6
3P. E.	±228	88	88.0

在1/4P.E.至1/2P.E.范围内，有少量集中的数值，但在1/2P.E.至P.E.的范围内，又有很大的减少，这样就达到了平衡。除了这两点外，计算的结果和实际的结果非常吻合，分配的对称性也和我们预期的差不多。比平均数小的数值数量比较多，比平均数大的数值偏差比较大；有8个较大偏差的数值，其中2个小于平均数值。由于注意波动导致的偏差，趋向于较高限度的比多于趋向于较低限度的，所以之前我们说的，注意的影响并没有因为合并许多音节组而相互抵消，达到平衡。

在第二组实验中，观察材料的正确性和它们的分配，与理论结果更相符。这组实验是在1883—1884年进行的，包括84个音节组。每次实验，我要识记6组音节组，每组16个音节，直至达到第一次无误的复现。整个学习过程，平均所需时间为1261秒，观察概率误差是±48.4，也就是说，84组中的一半落在1213至1309的范围内。由此可见，这一组实验的观察材料于前一组材料相比，精确性有显著的提高。概率误差包括的差距只等于平均值的7.5%，而第一组实验则是14%。具体的数值分配，请参见表4-2。

表 4-2

概率误差范围	偏差数值	包括数值	
		实际计算	理论计算
1/10 P. E.	±4	4	4.5
1/6 P. E.	±8	7	7.6
1/4 P. E.	±12	12	11.3
1/2 P. E.	±24	23	22.2
P. E.	±48	44	42.0
$1\frac{1}{2}$ P.E.	±72	57	57.8
2 P. E.	±96	68	69.0
$2\frac{1}{2}$ P.E.	±121	75	76.0
3P. E.	±145	81	80.0

从表4-2中可以看到，除了几个不太重要的小数字外，数值分配的对称性保持得很好。

表4-3中，具有最大绝对数值的偏差在低的限度一端。

表 4-3

概率误差范围	偏差	
	大于平均值	小于平均值
1/6 P. E.	5	2
1/4 P. E.	7	5
1/2 P. E.	13	10
P. E.	20	24
$1\frac{1}{2}$ P.E.	28	29
2 P. E.	34	34
$2\frac{1}{2}$ P.E.	37	38
3P. E.	40	41

当然，这里所说的精确性和物理测量上的精度无法比拟，但它可以和处于不断完善中的有联系的生理学测量相媲美。比如，黑尔姆霍兹和巴赫特经过试验所测定的神经传导的速度，就属于最精确的生理学测量。研究记录显示，该测量的平均值是4.268，概率误差是0.101，这个差距相当于平均数值的5%，精准度远大于之前测定的数据。在黑尔姆霍兹的精准实验中，第一次测量得到的概率误差的差距相当于平均值的50%。要知道，在早期的物理学实验研究中，测量的结果一致保持较低的精确度。尤里第一次测定热力的机械当量时，所得的数字是838，概率误差是97。

如果我们把音节组合并成音节组合，再分别进行识记，在重复的实验中，识记音节组合所需要的时间会有很大差异。不过，这种变异与自然科学中同样过程的测量是一样的。所以，我们可以像自然科学实验应用常数一样，至少用一种实验方式，用不同的记忆实验中所得数值结果的平均数，来证实因果关系的存在。

我们不能确定，用以合成一个音节组合的音节组数目，或是实验的音节组数目。但我们能够确定，音节组的数目越大，实际得到的诵读时间的分配，就越符合误差律计算的结果。实际上，我们可以试着增加这个数目，直至增加后，时间分配和计算结果的符合程度无法抵偿所需诵读时间的增加为止。如果一个实验中，音节组的数目减少，其符合程度就会降低。但不管怎样降低，实际结果和理论上的分配之间的符合，也需要达到一定程度。

上述的要求，在实验中所得的数量结果中是可以验证的。前面提到的两大组实验中，我检查了每个实验中，识记一半音节组的时间。表4-4是具体的数据情况。在前一组实验中，涵盖4个音节组的时间的总和；在后一组实验中，涵盖了3个音节组时间的总和。结果如下。

1.在前一组实验中，平均数（M）=533，概率误差（P.E.）=±51。

表 4-4

概率误差范围	偏差数值	偏差数值		与平均数比较	
		实际计算	理论计算	小于	大于
1/10 P. E.	±5	2	5.0	2	0
1/6 P. E.	±8	4	8.2	3	1
1/4 P. E.	±12	6	12.3	4	2
1/2 P. E.	±25	21	24.3	9	12
P. E.	±51	48	46.0	24	24
$1\frac{1}{2}$ P.E.	±76	61	63.4	30	31
2 P. E.	±102	76	75.6	37	39
$2\frac{1}{2}$ P.E.	±127	85	83.6	42	43
3P. E.	±153	89	88.0	45	44

2.在后一组实验中，平均数（M）=620，概率误差（P.E.）=±44。详情见表4-5。

表 4-5

概率误差范围	偏差数值	偏差数值		与平均数比较	
		实际计算	理论计算	小于	大于
1/10 P. E.	±4	3	4.5	1	2
1/6 P. E.	±7	5	7.6	3	2
1/4 P. E.	±11	11	11.3	6	5

续表

概率误差范围	偏差数值	偏差数值		与平均数比较	
		实际计算	理论计算	小于	大于
1/2 P. E.	±22	25	22.2	13	12
P. E.	±44	44	42.0	21	23
$1\frac{1}{2}$ P.E.	±66	56	57.8	29	27
2 P. E.	±88	71	69.0	38	33
$2\frac{1}{2}$ P.E.	±110	76	76.0	41	35
3P. E.	±132	79	88.0	42	37

我们之前的假设，在表4-4和表4-5的数据中得到了证实。在实际观察结果和理论计算之间，有一定的契合度。虽然这种契合并不完全，但是可以明显看出来。

如果不减少每个实验中音节组的数目，只降低实验的数目，我们依然可以假定会出现类似程度的契合。为此，我也补充了一些材料，来验证这个假设。

在进行较早的实验之前，我还进行了两组实验，与之前实验的条件是一样的，只是时间安排在白天较晚的时候，我把它们称为B组和C组。

B组包括39个实验，每个实验包含6个音节组，每个音节组中有13个音节；C组有38个实验，每个实验中有8个音节组，每个音节组也是13个音节。所得结果，详情见表4-6。

1.B组实验，平均数（M）=871，概率误差（P.E.）=±63。

表 4-6

概率误差范围	偏差数量	
	实际计算	理论计算
1/4 P. E.	4	5
1/2 P. E.	10	10.3
P. E.	21	19.5
$1\frac{1}{2}$ P.E.	28	26.5
2 P. E.	32	32.0
$2\frac{1}{2}$ P.E.	35	35.4
3P. E.	37	37.3

2.C组实验，平均数（M）=1258，概率误差（P.E.）=±60。详情见表4-7。

表 4-7

概率误差范围	偏差数值	
	实际计算	理论计算
1/4 P. E.	7	5.0
1/2 P. E.	10	10.0
P. E.	19	19.0
$1\frac{1}{2}$ P.E.	26	26.0
2 P. E.	31	31.0
$2\frac{1}{2}$ P.E.	34	34.5
3P. E.	36	36.4

在总括结果之前，我还要列举一组含有20个实验的结果。每个实验包含8个音节组，每组13个音节。每组音节都是一个月前学习过的。这里的平均数是892，概率误差是54，数值分配详情见表4-8。

表 4-8

概率误差范围	偏差数值	
	实际计算	理论计算
1/4 P. E.	3	2.7
1/2 P. E.	5	5.3
P. E.	10	10.0
$1\frac{1}{2}$ P.E.	12	13.8
2 P. E.	17	16.5
$2\frac{1}{2}$ P.E.	19	18.2
3P. E.	20	19.1

实验的数目不大，但实际计算和理论计算的偏差，和之前的几组实验相比，也很接近。因此，平均值的价值是可以肯定的。当然，要考虑的误差范围也很大。

第2节　音节组实验结果的分配

通过实验我们可知，之前提到的有关各音节组学习时间的分配，不仅仅是理论上的假设，也被实验中所显示的实际分配情况证实了。前面提到的两大组实验中，一组包括92个实验，每组实验含有8个音节组，另一组84个实验，每组实验含有6个音节组。两大组实验中分别有723个和504个音节组，用如此多的实验材料作为判断依据是完全充分的。结果发现，两大组的实验数据，都表现出了下面的特点：

1.处于平均数值上的数值，比处于平均数之下的数值，在分配上较为散漫，差距也比较大。在两组实验中，比平均数大的最大数值和平均数的差距，分别是比平均数小的最小数值和平均数差距的2倍和1.8倍。

2.由于较大数值的这一种优势，平均数由最稠密的分配值略向上移，结果形成比平均数小的偏差，数量较多。两组中比平均数低的偏差的总数分别为404和266，比平均数高的是329和230。

3.偏差数值的分配，从最稠密的地方向两端移动，不是均匀地降低，而是呈现出几个显著最密集点和最稀疏点。可见，在音节组的识记中，存在一种导致恒定误差的因素在发挥着作用。它所造成的事实就是，一方面数值呈现出不对称的分配，另一方面某几个范围的数值较多。依照本章节前面的叙述，我们可以假定，把连续学习的几个音节组的实验结果合并起来，可以抵消这些影响。

对于这种不对称分配的原因，我认为可能是注意力高度集中或是外在因素的特殊变动导致的。我们可以假设，在一个实验中，不同音节组的排列就是平均数值上下分配集中的原因。如果在一个大的实验组中，把第一、第二、第三音节组……各自的数值加起来，然后分别计算平均数，可以想象，这些平均数之间的差异也很大。各个音节组的实验数值围绕它的平均数进行分配，只是勉强接近误差律。总体而言，这些实验数值在平均数附近的区域分配密度最大，这些分配密集的个别区域在总的结果中也会表现出来。

对上述内容，我还想补充说明一点：在我们的预想中，在一个实验组里，心理疲劳是逐渐增强的，平均数应当随着音节组的数目增加而增长，但结果证明并非如此。只有一次实验，是跟这个假设吻合的。那个实验是一个很大的、重要的实验组，包含92个实验，每个实验包括8个音节组，每组13个音节。在这个实验组中，92个第一个音节组，92个第二个音节组……的平均数分别是：105，140，142，146，148，

144，140秒，详情如图4-1所示。

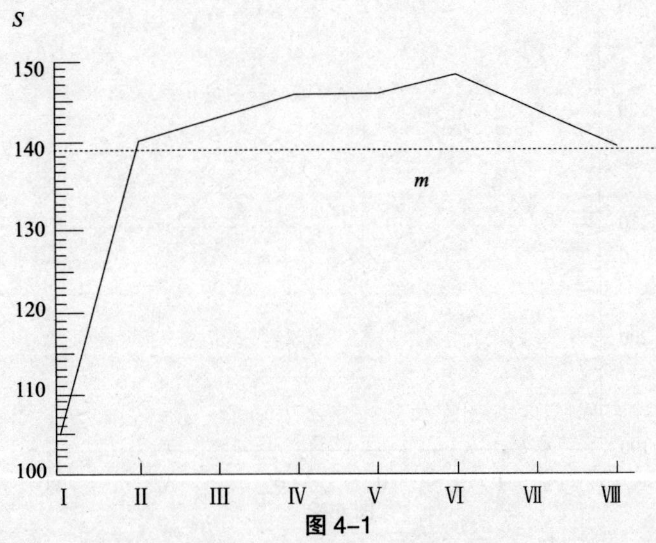

图 4-1

在其他实验中，我们看到的典型事实刚好与之相反。有84个实验的那一组，每个实验有6个音节组，每组16个音节，这一组的平均数是：191，224，206，218，210，213秒。开始时比平均数低，很快上升到最高位置，在之后的实验过程中，再未达到这一高度，而是围绕平均数做明显的上下波动。详情如图4-2所示。

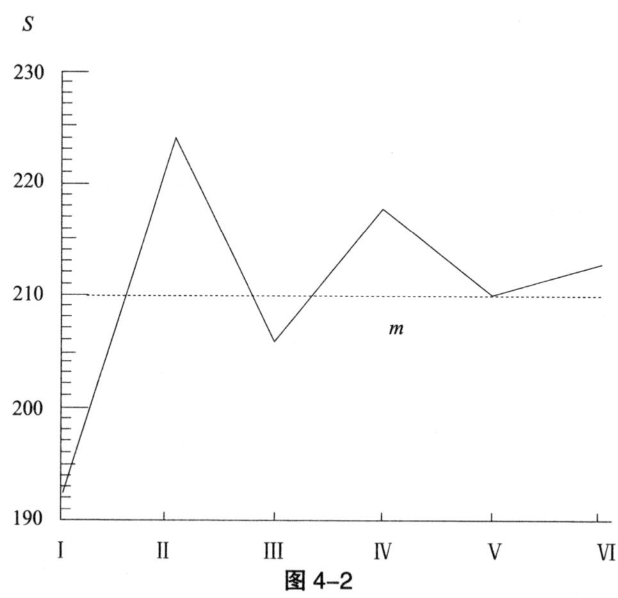

图 4-2

同样的情况，也体现在另外7个包含9个音节组的实验中，每个音节组有12个音节，平均数值是：71，90，98，87，98，90，101，86，69秒。详情如图4-3所示。

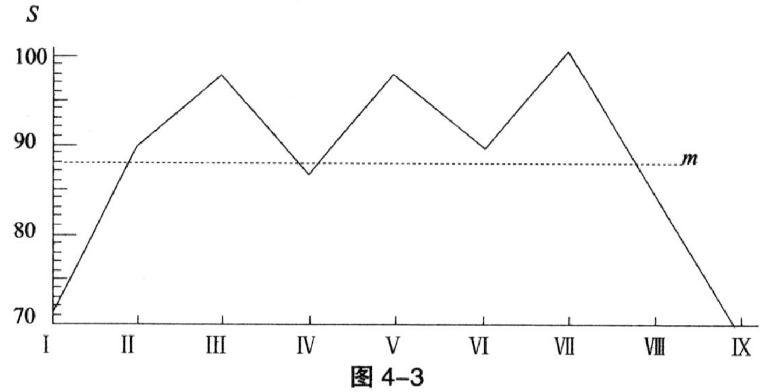

图 4-3

在B组的39个实验中，每个实验包括6个音节组，每音节组13个音节，6个音节组的平均数分别是：118，150，158，147，155，144秒，如图4-4中位于下方的曲线。

在C组中，每个实验包含8个音节组，每个音节组含13个音节，共有38个实验，8个音节组的平均数值分别是：139，159，167，168，160，150，162，153秒，如图4-4中位于上方的曲线。

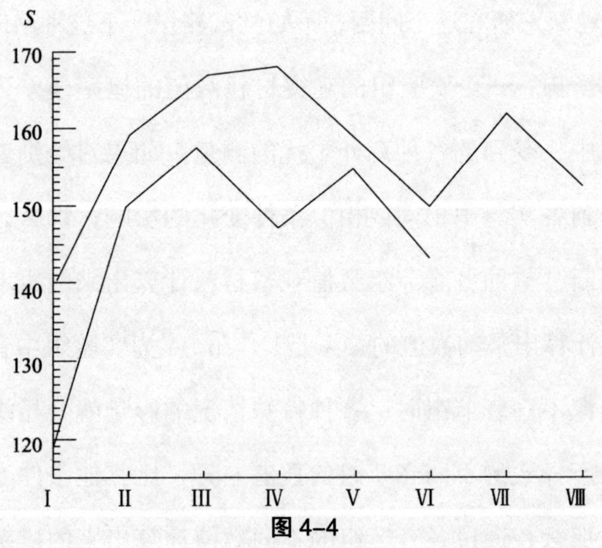

图 4-4

最后的7个实验，分别让被试学习拜伦的《唐璜》诗句，这7个实验的结果是：189，219，171，204，183，229秒。

总结来看，就算是前面提到过的含有92个音节组的实验，若不把92个实验总和计算在一起，而将其分成几个部分，即在同样时间、同样情况下做的实验进行对比，平均数值的分配情况就跟正常的相一致了。

在实验结果的数值中，我们尚未找到足够的证据，证明在20分钟内逐渐增强的心理疲劳对实验有任何影响。我们只能说，假定的心理疲劳对结果的影响，被一种不容易预先想到的趋向抵消了，这种去向就是：在低平均数之后，继之以高的数值，高平均数后又是低数值，这一相互交替的变化。这种趋向表明：似乎有一种心理的感受性和注意力方面的周期波动，与它们相联系的逐渐增强的心理疲劳就围绕其中心位置变动，而这个中心位置也在逐渐移动。

若有兴趣深入研究这个问题，不妨尝试测量一下这种趋向在不同情况下的不同影响。一个实验组的观察材料数值的概率误差，是对被试在识记过程中，受到的各种意外干扰的测量。如果对个别音节组的学习，也会受到各实验中相同或相似条件变化的影响，那么，按照误差论的规律判断，借助各音节组数值观察材料计算出来的概率误差，和按照实验组计算出来的数值的关系是1∶$\sqrt{n}$，n为实验组中音节组的数目。但在识记不同音节组时，各种特殊情况的影响就会显露出来。如果这些影响所导致的不同音节组的数值差异，比其他条件变化引发的差异更大，那么，通过各音节组的不同数值计算出来的概率误差也会增大，上述的比例就会显得较小。这些影响的作用越强，情况就越明显。

要检查实验中各因素之间的实际关系，是一件很困难的事，但我们可以通过推算证实上述说明。在每个实验包含6个音节组，每个音节组包含13个音节的84个实验中，$\sqrt{n}$=2.45。我们看到，84个实验中，观察材料的概率误差是48.4。504个音节组所得数值的概率误差是31.6。48.4比31.6，结果是1.53，稍低于$\sqrt{n}$的数值，即低于2.45

的2/3。

对通过纯粹的识记所得的数量化结果的性质和价值有了一定的概念后，我们就可以转向研究的真正目的，那就是对一些因果关系进行数量化的描述。

第五章

音节组长度与识记速度的关系

第1节　后期的实验

通过前面的实验，我们清楚地了解到，**要识记一组音节组，达到复现的程度，音节组越长，识记越困难。**这不仅仅因为诵读一次音节组需要花费较长时间，识记也需要较长时间，还因为音节组越长，需要诵读的次数也就越多，相对要花费更久的时间才能达到实验目的。举个例子，学习6节诗歌花费的时间，不只是学习两节的诗歌花费的时间的3倍，而是更多。

在实验中，我没有特别研究它们两者之间的依存关系，但这种关系却在第一次复现音节组的实验中自行表露出来了。我顺带得到了一些数据材料，虽然它们一时间尚不能表明特别必然的关系，但也值得记录下来。

在1883—1884年的实验中，我使用的相关音节组分别包括12，16，24或36个音节，每个实验包括9，6，3或2个音节组。识记这些音节，达到第一次无误复现，需要诵读的次数的平均数值结果，如表5-1所示。

表 5-1

音节组数 X	音节数目 Y	诵读次数平均数 Z	平均数值的概率误差	试验数目
9	12	158	±3.4	7
6	16	186	±0.9	42
3	24	134	±2.9	7
2	36	112	±4.0	7

为了让诵读次数可以进行比较，我必须将其化为同一单位，这一点可以用除以音节组数来实现。这样，我们就会看到，学习一个音节组，达到复现的程度，需要诵读多少遍。这些音节组只在音节的数目上有区别，每个音节组都是跟它同样的音节组一起学习，这样的一个实验需要15~30分钟。当然，这种做法还有待推敲，因为用除法计算后，所得的是识记单个音节组的平均数值，这样就忽略掉了我们在第四章讨论的结果。

按照第四章的讨论，几个音节组合后的平均数值，能够用来研究各种依存关系，单个音节组的平均数值却无法这样运用。我并不认为，用除法计算后所得的数字就是单个音节组的准确平均数值，即按照误差律分配的平均数。我认为，它是一类音节组的平均数，用音节除数，是为了方便与其他音节组合进行比较，各音节组的情况是无法完全一致的。测量它们精确性的概率误差，是由音节组组合来计算的，而不是由单个音节组来计算的。

在总结一些结论性的内容之前，我们先要解释一个问题：多少个音节，读一次就能正确地背诵？当我作为被试时，答案是7个。我也经常能够顺利地背诵出8个音节来，但这种情况很少见，且只在实验刚开始时发生。另外，当我试着背诵6个音节时，我几乎没有犯过错误，只要我集中注意力，把它们念上一遍，立刻就能达到复现。

如果加上最后一组音节，诵读总次数除以音节组数，减去并非识记所需要的最后做无误复现的一次诵读，结果如表5-2。

表 5-2

每组音节数	第一次无误复现所需诵读次数	概率误差
7	1	—
12	16.6	± 1.1
16	30.0	± 0.4
24	44.0	± 1.7
36	55.0	± 2.8

图5-1中，较长的那条曲线代表音节数目和诵读次数在一般情况下的相互关系，由于实验数目小，它的精确性只能达到近似的程度。图5-1表明，当音节的数目逐渐增加时，识记所需要的诵读次数，比音节数的增加速度快得多。

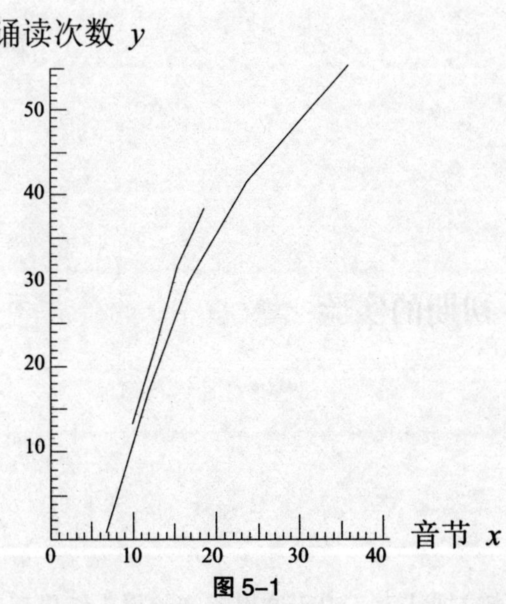

图 5–1

我们能够看到，曲线最初上升得很快，之后趋于平稳。和那些读一遍大约用3秒就可以背诵的音节数目相比，要背诵5倍于前者的音节数目，需要诵读的次数超过50次，所花费的时间是不间断地持续15分钟，且必须高度集中注意力。

曲线的横纵坐标的起点都是自然零点。从这一点起——X（音节）=7，Y（诵读次数）=1，向前延伸，该曲线可以说明如下内容：要背诵6、5、4个……音节的音节组，也仅需要背诵一次，我的情况是：读这样的音节组无须像读7个音节组时那样保持高度的注意力，音节的数目越短，对注意力专注度的要求也越低。

第2节 初期的实验

我们能不能这样认为，由于这里的实验报告结果都来自一个人，那它们就与这个人有关？由此，我们要面对的问题就出现了：这些对某个人有意义的实验结果，具有普遍意义吗？换句话说，如果在另一个阶段重复这些实验，它们的数值结果和分配形式是否大致相同呢？

关于这个问题，我在早期进行的一些实验可以对此进行检验。这些早期的实验结果是偶然得到的，为此也就不受预期和假设的影响。早期的实验条件和上述实验的条件有所区别，它们是在每天较早的时间段里进行的。各音节组都识记到能够进行两次无误的背诵。一个实验包括：15个音节组，每组10个音节；或者8个音节组，每组13个音节；或者6个音节组，每组16个音节；或者4个音节组，每组19个音节。

这里选取的4种音节组长度不同，但它们最后的数值比较接近。在早期的实验中，没有记录诵读的次数，因为诵读次数是从诵读时间中计算出来的。经过校正后，应用第三章第五节中的材料，将数值化成个别音节组，并将复现的两次诵读减掉，我们得到的就是下列结果，如表5-3所示。

表 5-3

每组音节数	两次无误复现所需诵读次数	概率误差	试验数目
10	13	± 1.0	16
13	23	± 0.5	92
16	32	± 1.2	6
19	38	± 2.0	11

注：概率误差是根据估计推算的，只是大概的数值。

图5-1中，较短的曲线是根据表5-3的数值绘制的。透过曲线的走势，我们会看出，**识记同样长度的音节组，初期实验比晚期实验要诵读更多的次数**。它可以归结为实验条件的差异，初期实验计算的不够精确。还有一种可能是，晚期实验中，被试已经进行了多次训练。初期的数值和晚期的数值很接近，最主要的是，两条曲线在它们的公共范围很接近，这就符合了，两次实验间隔三年半，没有受到任何预先的假设所影响。

这里存在一种可能的假设：从这两条曲线所表现的依存关系中，我们看到，尽管实验停止了很长时间，但曲线的走势基本没有改变。这样，我们就能够得出结论：这一实验是有恒定特点的。

第3节　有意义学习材料与学习速度

为了弄清楚有意义的学习材料和无意义的学习材料之间的共性和差别，我又用拜伦的原文《唐璜》进行了实验。这些学习材料不太适合在此讨论，因为每次实验我都没有改变学习材料的比重，每次定量识记几节。但是，列出所需要的诵读次数也是有意义的，这样就能够跟上面的音节实验中的数值进行比较。

这里要考虑的只有7个实验，均是1884年做的，每个实验包含6节《唐璜》的诗。把6节诗学习到第一次无误复现的程度，总共平均要诵读52次，概率误差=±0.6。每节诗要诵读的次数还不到9次，如果再减去无误复现的那一次，每节诗要达到复现所需要的诵读次数尚不足8次。

为了对这些数值进行科学评估，并找到它们与个人的观察材料的科学联系，请参照第三章第三节中的规则1。为了在方法上保证一致，每节诗都是从头至尾一遍一遍地读，对于那些比较难读的句子，也不单独进行学习。如果那样做的话，有的句、段所花费的时间要短得多，也就没办法计算诵读次数了。诵读的速度尽量保持一致，但不像识记无意义音节那样慢，也没用机械的方法进行控制。速度是通过感觉估计进行调节的，把一节诗念一遍需要20~23秒。

如果每一节诗包含80个音节，每个音节平均少于3个字母，再把这里需要诵读的次数和前面用无意义音节做实验的结果进行对比，就可以对识记材料的意义、节律、音韵和语言语法等联系所产生的特殊优势，进行一个大致的量化表达。

如果想让图5-1中的曲线按照现在的进程延伸，就要作这样的假定：如果我识记一组80~90个无意义音节，需要诵读70~80遍。如果音节在上述因素的作用下，实现了客观和主观上的联结，那么，我在作为被试的情况下，识记所需要的诵读次数会减少大约1/10。

第六章

记忆保持与诵读次数

第1节　问题阐述

我们可以将第四章所报告的实验结果总结为：在多次重复的情况下，被试识记一定长度的音节组，达到第一次可能的复现，所需要的时间或诵读次数有很大的差异。但是，由此得到的平均数具有自然科学的意义，它具有常数的性质。一般来说，我在相同的条件下，识记同样的音节组，平均诵读的次数是相同的。个别数值彼此间有较大的差异，并不能改变总体结果。但是，要十分精确切详细地说明所需要的诵读次数，还需要用很长时间的实验研究来证明。

有这样一个问题：如果实际的诵读次数，没有达到识记所需要的次数，会发生什么样的情况呢？反之，如果诵读次数超过了复现所必需的最低量，又会怎样呢？

现在，我们分别来说明一下诵读次数不及和过量的问题。

先说说过量的情况。首先，诵读次数超过复现所需的最低量时，多出来的诵读次数并不浪费。虽然对于当时的效果来说，这些多出来的次数并没有对平稳无误地复现产生特别明显的影响。但是，这些多出来的次数对于或长或短的时间之后的可能复现，却产生了明显的影响。同一个学习资料，一个人反复学习它的时间越长，记忆对它保持得越久。即便是在第一种情况下，虽然诵读的次数不足以达成流畅的复现，但也会产生一定的影响。这些诵读至少是为第一次无误复现奠定了基础，因为这些诵读，我们才能从不连贯的、迟疑的、错误的复现，逐渐接近流畅无误的复现。

这种关系可以形象地描述为：音节组或深或浅地印刻在被试的心里。接下来，我们就能进行这样的联想：随着诵读次数的不断增加，音节组在心里被刻印得越来越深，越来越不容易被冲刷掉。如果诵读的次数太少，那么印刻的只是表面，只能暂时看出一个大概的轮廓。诵读的次数多一些，在一定时期内，就可以随意地清晰地阅读这些印刻在心里的铭文。如果诵读的次数更多，音节组就被深深地印刻下来了，只有经过长时间的间隔，才会逐渐消失。

对于这样的描述，如果读者还是不满意，而是希望得到更加详尽的解释，那我对此也无话可说了。举个例子，温度升高时，温度计上的水银柱会升高；电流的强度增加时，电磁针偏斜的角度会加大……但是，温度等量地逐步增加时，水银柱总是以等距上升；而磁针移动的角度却会随着电流的逐步增强而逐渐缩小。那么，识记音节时，诵读次数对识记印象深度的影响，更贴近哪一种情况呢？对于这个问题，我们是否可以进一步讨论或假定：诵读次数和印象深度是成比例的，因此可以说，用同样程度的注意力识记相类似的音节组，诵读次数多两倍或三倍的，印象也就深刻两倍或三倍呢？或者假定，当诵读次数以固定的比例增加时，印象的增强就越来越少呢？或者到底会发生什么样的情况呢？

这是一个很好的问题，无论从理论上还是实际上来说，它的答案都能引起人的强烈兴趣，且非常有意义。但是，就我们现有的资料而言，尚且不能得出答案，甚至没有办法进行研究。只要是“内部的稳定性”“印象的深度”等词所致的是不确切的、比喻性的东西，同时又是可以被客观定义的东西，那它们的意义就是无法明确的。

我把一组观念的“内部的稳定性”，也就是它被保持的程度，视为在它第一次识记之后，在一定时间内复现的难易程度。我用重新学习这一组比识记同样的但完全新的组时所节省的时间，来测量这种复现的难易程度。这两次识记过程的间隔时间是可以选择的，我定的是24小时。

在这个定义中，我们不必在乎它是否正确，因为我们并不是要解决一般词语的用法问题。我们真正要在意的是，它是否使用。或者，至多只能问，这个定义是否能用于同“心理印象的不同深度”这个概念相联系的不十分明确的观念。这样用似乎是可以的，但在此之前，我们很难说它到底适用到何种程度，只有在获得大量的结果之后才能给出判断。判断的性质依赖于，通过这种测量方法得到的结果，是否能够满足我们所说的测量系统的最基本要求。

这个要求是，如果在某一尺度可控条件下做随意的变动，那么，这尺度的新形式所得的结果，乘以一定的常数，就得到旧尺度的数量。例如，在我们的条件下，需要知道的是：如果不用24小时作为复习效果的时间，而选用其他时间间隔，那么所得结果的性质是一样的吗？或者，随着不同结果的绝对数值的改变，说明结果的全部原理是否也会随之发生改变呢？这个问题，显然也是没有办法预先判断的。

为了确定一个音节组记忆保持长短和诵读次数增加之间的相互关系，我把问题圈定在这样的范围内：如果同类的音节组，因为诵读次数不同，形成记忆的巩固程度不同，那么在24小时之后，重新学到第一次刚好能背诵的程度与重学时节省的诵读次数之间，有什么样的关系呢？它和原来识记时诵读的次数之间，又有什么样的关系呢？

第2节　实验与实验结果

为了解答上一小节的问题，我进行了70个复式实验，每个实验包括6个音节组，每组16个音节。这70个复式实验是这样做的：集中注意力对每个音节组诵读一定的次数，通常在诵读一定次数后就不是阅读而是背诵了。24小时后，对这些识记不全的音节组再重新学习到第一次刚好能背诵的程度。该实验中，第一次识记时背诵的次数分别是：8，16，24， 32，42，52，64。

在第一次识记时，对6个音节组的实验而言，把诵读次数增加到64次以上有点不现实。在每个实验中，诵读64次大约需要三刻钟，被试在实验结束后，会感到非常疲倦，甚至出现头疼等症状。如果把诵读次数再增加一些，实验的情况就变得更复杂了。

7种诵读次数在每组实验中都是平均分配的，用每种诵读次数都进行了10个复式实验。在下列的结果中，每个实验中的6个音节组所用的时间是合并计算的，其中包含背诵的时间。

表6-1中，X是第一次识记时诵读的次数，Y是24小时以后重学所用的时间。

表 6-1

X	8	16	24	32	42	53	64
Y/s	1171	998	1013	736	708	615	530
	1070	795	853	764	579	579	483
	1204	936	854	863	734	601	499
	1180	1124	908	850	660	561	464
	1246	1168	1004	892	738	618	412
	1113	1160	1068	868	713	582	419
	1283	1189	979	913	649	572	417
	1141	1186	966	858	634	516	397
	1127	1164	1076	914	788	550	391
	1139	1059	1033	975	763	660	524
平均数值	1167	1078	975	863	697	585	454
平均值概率误差	±14	±28	±17	±15	±14	±9	±11

表6-1中，Y代表的数值，是在背诵24小时之前识记过的音节组时，实际所花费的时间。对我们而言，实际应用的时间没有太大意义，真正有意义的是所能节省的时间。所以，我们必须知道，如果事先没有学习过，要识记同样的音节组需要花费多少时间。在诵读42次、53次和64次的一些音节组中，实验本身就提供了第一次识记时所用的时间。在这样的情况下，诵读次数已经超过了达到第一次可能复现所需要的平均最低次数，这个平均数值在复现16个音节组的实验中是31次。这一点，我们在第五章第一节中提到过。

在这样的情况下，我们可以确定，当诵读次数逐渐增加时达到第一次无误复现所在的点。然而，随着诵读次数的不断增加，实验的时间也会延长，条件就跟平常学习新的资料时不太一样了。在那些诵读次数比上述少的音节组中，实验没有办法为我们提供所需要的数值。因为按照实验计划，它们没有学习到能够完全背诵。所以，我宁愿放弃学习过的、相同的音节组，而用学习相似的、过去没学过的音节组所用的时间作为标准，计算每次所节省的工作量。

为了达到目的，我在实验期内设定了一个非常准确的数字：按53个实验所得的平均结果，识记任意16个音节的组，耗时1270秒，概率误差也很小，只有±7。

如果把所有相关平均数值与这个数值联系起来，就得到了表6-2中的数据。

表 6-2

之前识记的通读次数 X	24 小时后重学所用时间 Y/s		节省的时间 T/s		每诵读一次所省时间 D/s
	时间	平均概率误差	时间	平均概率误差	
0	1270	7	-	-	-
8	1167	14	103	16	12.9
16	1078	28	192	29	12.0
24	957	17	295	19	12.3
32	863	15	407	17	12.7
42	697	14	573	16	13.6

续表

之前识记的通读次数 X	24小时后重学所用时间 Y/s		节省的时间 T/s		每诵读一次所省时间 D/s
	时间	平均概率误差	时间	平均概率误差	
53	585	9	685	11	12.9
64	454	11	816	13	12.8
					平均数值 12.7

表6-2中的数字之间的关系清晰了然：第一栏中的数据X代表诵读音节组的次数，这组数据和24小时后重学时，由第一次识记所带来节省的工作量（即第三栏的数据T）的增加是一致的。我们之前识记时的诵读次数，除以24小时后重学所节省的时间，得到的系数几乎是一个常数值，即第四栏中的数据D。

我们简单陈述一下这个测试结果：由16个音节组成的无意义音节组，被反复诵读而印象变得越发牢固时，其印象的牢固程度在一定范围内大致和诵读次数的增加成正比。印象牢固程度的增长，是由24小时后再把这些音节重学到能够复现的难易程度决定的。两者之间的依存关系，在一定的范围内（一端是零，另一端的数字是达到音节组恰能复现所需要的平均诵读次数的一倍）。

每诵读一次的结果，也就是使音节重学时节省的数量，以6个音节组合并计算，平均用时为12.7秒，所以每一个音节组诵读所用的时间是2.1秒。因为把16个音节的一个音节组诵读一次，所用时间是6.6~6.8秒，所以在24小时，在保持之前印象的基础上，这一次诵读所需的时间，就是之前时间的2/3。换而言之，我在一天内学习一个音节组时，每多诵读3次，24小时后重学时，平均就能节省一次诵读次数，且在上述的范围内，无论识记音节组时诵读多少次，都是如此。

我现在不能确定，上述的数据结果，是仅仅代表这一次实验本身的现象，还是具有普遍意义。不过，在本书的第八章第四节中，我在叙述另外一个研究问题所得结果时，看到那些结果和现在的结果是一致的。这样，我就能为当下的问题提供一些间接的证据。所以，我倾向于认为，这些结果是具有普遍意义的，至少在我作为被试的情况下是这样的。

在这些实验中，有一些内在的不一致性。对此，我无法避免，也无法修正，能做的就是将它们指出来。这个问题就是：如果一个音节组只诵读少数几次就能达到无误复现，那么，这个过程只需要少数几分钟，因为诵读时刚好是被试精力充沛的时候。如果一个音节组诵读64次，就需要三刻钟，这个音节组大部分是在被试精力匮乏，甚至是身心俱疲的情况下诵读的，此时的诵读效率就会低一些。但是，在第二天重新学习和复现这些音节组时，却出现了相反的情况。

诵读过8次的音节组，重学到无误复现所需的时间，比之前诵读64次的音节组所需的时间多3倍。后者能够快速达到无误复现，**不仅是因为它原来巩固的程度高，也可能因为它是在条件较好的状况下重学的。**

这些不规律的相悖性很明显，所以可能部分地彼此平衡：原来在比较不利的条件下识记的音节组，在比较有利的条件下重学；反之，也是一样。但是，这种平衡能够达到什么程度，还有什么其他的不一致性，它们对结果有什么样的影响，我就无法明确说出了。

第3节　回忆的影响

在获得实验结果的过程中，有一个因素是我要提醒大家特别注意的。这在平日的生活中也很重要，至少就复现所采用的形式来说不可小觑。这个因素就是：复现是否伴随着记忆？也就是说，复现的概念指的是，之前记忆的内容单纯地重新出现？还是关于这些内容以前发生时的情况、条件的认识也一起重新出现了？如果是后者，那么记忆在这样的情况下复现，对我们实际的目的和高级心理活动的表演而言，就更有价值和意义了。接下来的问题是：这些和记忆有关的内部活动，与有时伴随意识表象出现的回忆现象之间，到底有什么联系？对此，我们之前的实验结果提供了一些资料。

在实验中，只诵读了8次或16次的音节组，在第二天重学时，我的感觉会有些生疏。当然，我很清楚，它们是我前一天识记过的，但这不过是我间接知道的，而不是我从音节组本身的熟悉程度中知道的，我甚至感觉完全不认识它们。但是，对那些诵读过53次或64次的音节组，我很快就把它们当成了熟悉的朋友，非常清楚地记得它们。

在识记时间和节省的工作量中，这种差别表现得并不明显。在没有意识伴随的回忆出现时，这些数据不会相对地变小。同样，在有准确的、清晰的回忆伴随时，这些数据也不会相对地变大。反复诵读所产生的效果，其规律性也没有明显地脱离一般的趋势。也就是说，这种效果伴有回忆时，需要显著少量的诵读；在没有伴随回忆时，需要大量的诵读。

我只是提出这个值得注意的事实。在有共性的原因没有得到证明之前，一般性的结论是无法立足的，而我也不打算做一般性的结论。

第4节　增加诵读带来的效果

当我作为被试进行实验时，我在思考一个问题：我们可以确定，在一定范围内，**对一个音节组的诵读次数和之后重新学习时节省的工作量之间量，存在一定的比例关系**。那么，如果超过了这个范围，这个比例还存在吗？这是一个值得研究的问题。

根据之前的实验数据，我们可知：在识记时诵读一次，就能在24小时候重学时，大约节省第一次诵读1/3的时间。如果这种关系能一直保持下去，那么，只要在第一天识记时，我的诵读次数比第一次无误复现所需的诵读次数多3倍，在24小时后，只要呈现第一个音节，我就能自动地背诵出16个音节组。因为识记时需要诵读31~32次，为达到这个目的，就需要诵读大概100次。根据实验中发现的这种依存关系的可能性和普遍性，只要确定了音节组重复诵读所需的“持续效果系数”，我们就能够计算出来，在24小时后音节组达到无误复现时，识记需要的诵读次数。

在研究增加诵读次数会产生什么影响的问题时，我没有采用之前从未用过的16个音节组进行。就像我们前面说的，任何把实验时间大量延长的做法，都会导致被试的疲劳和厌倦，会让实验条件变得复杂。所以，我选用一部分较短的音节组和一部分熟悉的音节组，做了一些试探性的实验，所得的结果证实了这样的结论：如果持续增加诵读次数，前面提到的比例关系就会逐渐失效。用24小时后节省的工作量作为衡量标准，**当诵读次数增加到一定程度后，诵读次数越多，效果反而越差。**

下面是详细的实验过程：每个实验使用6个音节组，每组12个音节。每个音节组学习到能够达到第一次无误的复现。在达到复现之后，立刻进行诵读，把诵读次数增加到识记时所需诵读次数的3倍。24小时后进行重新学习，达到第一次无误复现。4个实验的结果，如表6-3所示（表中的数字代表诵读次数）。

表 6–3

6个音节组织记忆和背诵时的诵读次数	复现后为增强记忆继续进行的诵读次数	6个音节组的全部诵读次数	24小时后重学所需诵读次数	节省的诵读次数
104	294	389	41	63
101	285	386	39	62
114	324	438	46	68
109	309	418	38	71
平均数值：107	303	410	41	66
				平均概率误差：1.4

在我作为被试的情况下，合理范围内，对于12个音节的音节组重复诵读后，间隔24小时再复现的效果，比16个音节的音节组的效果略差。它的效果大致是全部诵读次数的3/10。在反复诵读多次后，如果这种关系还能继续保持，那我们可以预测：对音节组诵读，达到第一次无误复现所需次数的4倍，在24小时之后，一次就能够背诵出来，无须再消耗精力重新学习。但在上述的结果中，重新学习时还是用了相当于第一次识记时35%的工作量。平均诵读410次的效果，只是节省大约1/6的工作量。如果开始时诵读的效果占这个数量的3/10，之后诵读的效果一定很低。另一类研究也得出同样的结果，但在这里，我不再详述，只做简单的说明。

不同长度的音节组，通过多次诵读，逐渐达到背诵的程度。不同于以往的是，诵读不是在一天内进行的，而是分散在连续的几天之内。当达到第一次无误复现后，多诵读了比识记所需次数3~4倍的量。几天之后，只需要少数诵读就能达到背诵了。但是，在24小时之后不用再读一遍或几遍就能无误复现的经历，我一次也没有过。这说明，分散式重复诵读的方式也是有效果的，这从节省出来的工作量中可见，但随着节省工作量比例的降低，这种方式的效果也随之降低。由此，我们可以得出结论，仅仅依靠24小时之前的多次诵读，是无法达到重学时的无诵读复现的。

简单地说：反复增加音节组的诵读次数，对它的记忆巩固的影响，在开始阶段大致和诵读的次数成比例关系。随着诵读次数的增加，这种影响逐渐降低，到最后音节组在24小时后几乎可以自动地背诵出来。此时，再增加诵读次数，对记忆巩固的效果就很微弱了。因为，这种效果的降低是逐渐的、连续的，这个结论是经过更精确的研究后得出的，至少在我已经发现了两者的比例关系时，这个规律还没有改变。到现在，由于这种影响的数量不大，而误差范围很广，所以这一效果降低在最初阶段还是不容易被发现的。

第七章

保持和遗忘与时间的关系

第1节　关于保持和遗忘的概念

众所周知，我们识记过的所有内容，如果顺其自然，随着时间的消逝都会逐渐被遗忘。成组的或相互联系的一些概念，在最初阶段很容易回想起来，或者它们经常自动地出现在我们的意识中，且带有鲜明的形象。可渐渐地，这种复现的机会越来越少，形象和色彩也逐渐变淡，到最后甚至只有经过有意识的艰苦努力，才能够回想起它们，且只能够想起其中的一部分。除了确实存在的一些特例之外，再经过更长的时间，这些内容恐怕连想起的那部分，也都忘得干干净净了。

我们大都有过这样的经历：一些人名、面孔、所学的知识和经验，这些片段似乎被忘记很多年了，但偶尔它们又会浮现在脑海中，特别是在梦里，很多细节和生动的形象都会冒出来。我们不知道，它们究竟从哪里来，在被遗忘的这段时间里，它们是如何被隐藏得那么好的。

对于这些事实，心理学家们从各自的观点出发，给予了不同的解释。这些看法不完全相互排斥，也不相互协调。有一类看法是，他们很重视这种鲜明的表象在长时间以后还能明显地复现的现象。他们设想，外界印象产生的内部直觉，在我们的心里或脑海里留下淡淡的表象或痕迹，这些表象和痕迹虽然在各方面都比原来的知觉微弱和不确定，但它们可以继续存在，且不失去原来的强度。

在强度和巩固程度上，这些心里的印象没有办法和实际生活中的知觉相比，但在知觉彻底或部分消失的情况下，表象的优越性就是无限的了。早期的表象似乎越来越多地被后来的表象掩盖，为此它们复现的可能性就越来越小，复现就越来越难。然而，一旦有意外的有利环境条件发生，就能把早期表象之上的掩盖物揭开，让深埋在下面很久的表象重新浮上来。无论经过多长的时间，这些表象最初的鲜明性依然存在。

坚持这一派观点的代表人物是亚里士多德，即便是现在，也有不少人赞同他的观点。比如，最近德博夫在研究“关于感受性的一般原理”时，就沿用了这种说法作为他的理论补充。

德博夫在《睡眠与梦》的研究论文中写道：“现在发现，在心理现象中有一条普遍规律，那就是感觉、思维或意志的任何一项活动，都会在心理上留下或深或浅却无法抹去的印记。这种印记前后叠加、层出不穷，旧的还在，新的又覆盖其上。但不管怎样，它们总能够鲜明而清晰地在脑海中再现出来……虽然如此……有一种说法也是很真实的，即：记忆不仅会遭到消磨，还可能完全消失。”

在面对这种现象时，德博夫是用“一种记忆可以干扰和妨碍另一种记忆重现”的理论进行阐述的，他说：“如果一种记忆虽然在实际上无法驱散另一种记忆，但我们至少可以认为，它能够通过一个人的大脑或心灵处于饱和状态，进而干扰和妨碍其他记忆的提取或再现。”

另一位心理学家培恩和其他一些学者，曾经在心理学和生理学上提出过一种离奇的假说，即每一个记忆内容或观念都存在于大脑或心灵上的一个神经节细胞内。从某种程度上来说，这一假说也是基于亚里士多德的观点。

另一派心理学家的观点是：概念和之后存在的表象都会发生变化，这就会越来越多地对它们的性质产生影响。那些相对陈旧的记忆内容，似乎是受到新内容的压制而沉了下去。随着时间的消逝，这些内容中的一些性质，即内在的清晰性和意识的强度就受到了损伤。

记忆内容之间的联结和连贯的内容，一样要经过逐渐变淡的过程，它还会进一步让记忆内容分解成它们原来的组成成分，结果就是：只有微弱联结的各部分在之后能够形成新的组合。越来越受压制的观念，要彻底消逝，需要经历很长的时间。但是，我们不要把被压制的、变得不那么清晰的记忆内容，想当然地视为暗淡的表象，它们不过是一种趋势罢了，具有改造要被湮没的记忆内容的“倾向”。如果这种倾向得到了一定的鼓励和支持，那么在压制和阻碍它们的内容也被压制的时候，那么似乎被完全遗忘的内容就会以非常清晰的表象再现出来。

心理学家当中还有第三种意见：复杂的记忆内容被遗忘的过程，不是内容逐渐变淡、变模糊，直至消失，而是这些复杂的记忆内容先分裂成片段，而后逐渐丧失每个片段。最近又有一些心理学家提出，记忆内容会溶解为各种成分，这一说法就为上面的观点提供了进一步的解释。

最新的观点认为：“一件复杂事物的印象，在我们的记忆中变得不再清晰明了，是因为它有些部分已经缺失，不再像当初那样完整，只是意识的微弱光芒还笼罩着它。更主要的是，现存于记忆当中那些还没有消失的部分之间的联结，也在慢慢消失。我们只能在意识中尽力去找寻它们之间曾经是否有过某种联结，在我们意识所能到达的范围内，回想起它们之间有什么样的联结，都是有可能的。所以，对于这个问题，我们无法给出明确的答案。而且，意识所涉及的范围大小，受跟它有关的记忆内容的清晰程度的直接影响。”

上面提到的每一种观点，都从我们的实际经验或内心所想的内部经验中得到过一定的证实，各种意见之间不是针锋相对的，也不是互相相容的。原因就在于，**这些偶然的、容易得到的内部经验有着不确定的、肤浅的特质，所以才能容纳下各式各样的演绎和假说。**要对它的整体进行一种有明显倾向的解释，是一件很难的事。试想：谁敢保证，自己可以非常精准地描述一种观念或记忆内容在假想中被掩盖、被分裂最后消失的一系列过程呢?

对于一些内容不同的观念相互引发的抑制作用，或由于它的组成成分用于一种新的结合，而使一个巩固的复杂观念被分解，谁能对此过程给出一个令人非常满意的描述呢？实际的情况是，每个人对这些过程都有自己的看法，但没有谁能给真正精确地说明实际的情况。

倘若我们考虑到，直接的观察有一定的局限性，有用经验的发生存在偶发性，那么这种情况是难以得到改进的。比如，我们如何才能够确定，有一定阶段记忆内容或观念的淡化程度，或记忆内容中尚且存在的那些片段成分的数目呢？如果一些记忆内容被彻底遗忘了，这些观念和内容不会再回到意识中来，我们要如何追溯它们被遗忘的内部过程呢？

第2节 对现实的研究方法

我们可以借助之前的方法，来研究现实的情况。在一个确切的有限范围内，进行间接的探索，在探索过程中暂时忽略那些所谓的理论，同时也不树立任何的理论。

透过实验，我们发现，由学习一个音节组而形成的，过了一定时间后变得模糊但依然存在的记忆活动趋向，可以通过加深识记这一音节组而增强记忆深度。这就说明，残留的记忆内容或观念的片段，能够重新结合起来再形成整体。此时，将达到再现所需要的工作量，和这些记忆片段完全不存在时所需要的工作量相比，我们能够得到在间隔时间内，损失的记忆内容和存留的记忆内容的量化测试。

在初次学习和重新学习之间，加入了相当确定的一些记忆内容的片段集合，从而引发各种不同性质和范围的记忆片段之间的干扰和抑制，会在重新学习时增加的工作量中反映出来。记忆内容或观念的各组成部分之间的联结，在被挪为他用而有些松散的状态下，可通过下列方法揭示出来：先学习一定数量的音节组，再将这些音节组重新组合再次识记，然后再重新学习原来的组合，来确定重学时需要的工作量变化。

通过实验，我研究上述内容中的第一种关系。现在，我要提出一个问题：如果把一组音节组学习到无误复现的程度，然后把它搁置到一边，在很长时间之后，遗忘的过程是如何进行的呢？其中，有一点可以确定，在搁置足够长的时间后，遭受损失的记忆是通过这样的方法确定的：重新学习曾经识记过的音节组，在比较第一次学习时所用的时间，就得到了答案。

具体来说，这些实验是在1879—1880年之间进行的，包括163个复式实验。每个复式实验包括识记8个音节组，每组13个音节。在上午11—12点学习的38个实验中，每个实验只识记6个音节组。经过一定时间后，再重新学习这些音节组，每次学习都要达到连续两次无误复现的程度。在时间间隔上，一共设计了7种情况：约1/3小时，1小时，9小时，1天，2天，6天，31天。每个复式实验只采用一种时间间隔。

时间间隔的起始点的计算方法如下：起点是第一次学习中，从完成第一组学习算起，在长时间的间隔中，不用计算得那么精确，在实验后4种时间间隔的影响时，所需实验是在上午10—11点、11—12点和下午6—8点进行的（参看第三章第6节）。在所得的结果出来之前，有必要说明以下几点。

1. 在间隔一天或几天后，重学识记过的音节组时，可以假定两次实验的情况相同。但现实的问题是，就算外界条件尽可能保持一致，我们因为无法抵消实际发生的主观条件的波动，除非多进行几次实验。我还假设，在整整一个月的时间间隔后，内部的差异是最大的，在这样的情况下，我几乎把实验的次数增加了一倍。

2. 在第一次学习和重新学习的间隔分别是1小时和9小时的情况下，在实验条件方面就存在了一些显著的、固定的差异。在一天当中稍晚的时间段里，心理的活动力和感受力会降低。早晨学习的音节组，放到晚些时候重新学，不考虑其他因素的影响，只考虑心理活力和第一次学习时的状态是相同的，那么这种时间里重学也需要更多的工作量。

3. 重学时所得的数值，尤其是8小时实际间隔后进行重学时，会受到不可忽视的、相当程度的缩小。为了直接进行比较，我们在实验中应当确定，在一天中B时学习一个音节组，比在A时学习一个音节组要多花费多少秒的时间。要确定这个数值，需要进行更多的实验，至少比我目前所进行的实验要多得多。如果对1小时和8小时的数值进行必要的、非精确的校正，就比只用原来的数据更有可靠性。

4. 用最小的间隔1/3小时进行实验时，会发生同样不利的情况，但是影响比较小。这可能是因为由另外一种情况而得到补偿。全部的时间间距很短，所以在学习了一个实验的音节组的最后一组后，几乎是立刻或只间隔一两分钟就开始重学实验音节组的第一组。这样，学习和重学在实际中就形成了一个连续的实验。

在这样的情况下，重学是在被试头脑的清晰度越发低下的条件下进行的。但另一方面，由于重学是在很短的时间间隔后进行的，所以速度很快，只需不到初次学习时所用的时间的一半就能完成。因此，对一定的音节组来说，学习和重学的时间间隔逐渐变短了。一个实验，中、后部的音节组在时间间隔方面，处在有利的地位。由于很难进行更加精确的确定，我就假定，这两种看起来自相矛盾的影响，大致可以相互抵消。

第3节　实验结果

了解实验结果之前，先对下列各表中所用的字母或符号进行下面的说明。

L——识记音节组时所花费的时间，单位是秒，代表识记记录的时间，其中包含两次复现所用的时间。

WL——重新学习音节组时所用的时间，也包含复现时的时间。

WLK——经过修正后的重学时间，即在必要时减掉一定数值所用的重学时间。

△——不同于L-WL或L-WLK，是重学时所节省的工作量，用时间来表示。

Q——节省的时间和初次学习时所用的时间的比值，用百分数来表示。在计算这个数值时，我用实际学习的时间，即记录时间减去复现的时间。

从理论上看，精准地计算出其中的差异和系数的概率误差，是非常困难的事。因为计算的基本数据是实际观察记录得到的L和WL所代表的数值，而这些数值并不适合用于误差理论的一般规律，这些规律只用于相互独立的观察数据，而L和WL是学习同一音节组的数据，彼此间有内在联系，不是相互独立的。误差的来源，即“音节组的诵读难度”不是随意变化的，是在所有相对应的一对数字中有规律地变化着。所以，我把音节组的学习和重学作为一个实验，以所得的Δ和Q作为它的数据。先分别算出Δ或Q，再计算概率误差，就如同由直接观察的材料中得出结果一样。这样得到的数值，可靠性就很高了。

实验中，估算出每组13个音节，8个组的背诵时间为85秒，也就是说，每个音节所用时间为0.14秒（参看第三章第5节）。所以，公式即为Q=100Δ/（L-85）。

以下表中A、B、C分别代表一天中的3个实验的时间段，这个我们在前面说过，即上午10—11点、11—12点、下午6—8点。表7-1的间隔时间为19分钟，共进行了12个实验，学习和重学都安排在上午10—11点进行。

表 7-1

L/s	WL/s	Δ/s	Q/%
1156	467	689	64.3
1089	528	561	55.9
1022	492	530	56.6
1146	483	663	62.5

续表

L/s	WL/s	Δ/s	Q/%
1115	490	625	60.7
1066	447	619	63.1
985	453	532	59.1
1066	517	549	56.0
1364	540	824	64.4
975	577	398	44.7
1039	528	511	53.6
952	452	500	57.7
平均数值：1081	498	583	58.2
			P.E.m=1

表7-2中，间隔时间为63分钟，进行了16个实验，分别在上午10—11点学习，在11—12点重学。

为了确定不同时间对学习的影响，我进行了以下实验：在上午11—12点进行的39个实验，其平均结果：学习6个音节组，每组13个音节，平均用时807秒（P.E.m=10），在上午10—11点进行了92个实验，其结果：学习6个音节组，每组13个音节，平均用时763秒（P.E.m=7）。可见，在较晚时间学习，要比在较早时间学习多耗时5%（按较晚时间用时的平均数计算）。所以，为使学习时间能够相互比较，必须从11—12点进行重学的时间中减掉5%。

表 7-2

L/s	WL/s	WLK/s	Δ/s	Q/%
1095	625	594	501	49.6
1195	821	780	415	37.4

续表

L/s	WL/s	WLK/s	Δ/s	Q/%
1133	669	636	497	47.4
1153	687	653	500	46.8
1134	626	595	539	51.4
1075	620	589	486	49.1
1138	704	669	469	44.5
1078	565	537	541	54.5
1205	770	731	474	42.3
1104	723	689	417	40.9
886	644	612	274	34.2
958	591	562	396	45.4
1046	739	702	344	35.8
1122	790	750	372	35.9
1100	609	579	521	51.3
1269	709	674	595	50.0
平均数值：1106	681	647	459	44.2
				P.E.m=1

表7-3中，间隔时间为8小时45分钟，进行了12个实验。学习时间安排在上午10—11点，重学时间安排在下午6—8点。初次学习和重新学习时，不同时间段的影响是按下列方法计算的：在C时间段内进行的38个实验中，每组13个音节，8个音节组的学习时间平均是1173秒（P.E.m=10），在C时间段进行的92个实验中，每组13个音节，8个音节组的学习时间平均是1027秒（P.E.m=8）。C时间段按照自身数值计算，比A时间段多用12%的时间。因此，我把在C时间段进行重学的时间减去12%。

表 7-3

L/s	*WL/s*	*WLK/s*	*△/s*	*Q/%*
1219	921	811	408	36.0
975	815	717	258	29.0
1015	858	755	260	28.0
954	784	690	264	30.4
1340	955	840	500	39.8
1061	811	714	347	35.6
1252	784	690	562	48.2
1067	860	757	310	31.6
1343	1019	897	446	35.5
1181	842	741	440	40.1
1080	799	703	377	37.9
1091	806	709	382	38.0
平均数值：1132	855	752	380	35.8
				P.E.*m*=1

表7-4至表7-6，间隔时间是1天，进行了26个实验，在A时间段进行的实验有10个，在B时间段进行的实验有8个（每个实验包含6个音节组），在C时间段进行的实验有8个。结果分别列出，详见表7-4至表7-6。

表 7–4

L/s	*WL*/s	△/s	Q/%
1072	811	261	26.4
1369	861	508	39.6
1227	823	404	35.4
1263	793	470	39.9
1113	754	359	34.9
1000	644	356	38.9
1103	628	475	46.7
888	754	134	16.7
1030	829	201	21.3
1021	660	361	38.6
平均数值：1109	756	353	33.8
			P.E.m=2

表 7–5

L/s	*WL*/s	△/s	Q/%
889	650	239	29.0
824	537	287	37.8
897	593	304	36.5
825	599	226	29.7
854	562	292	37.0
863	761	122	14.9
742	433	309	45.6
907	653	254	30.1
平均数值：853	599	254	32.6
			P.E.m=2.2

表 7-6

L/s	WL/s	Δ/s	Q/%
1212	935	277	24.6
1215	797	418	37.0
1096	647	449	44.4
1191	684	507	45.8
1256	898	358	30.6
1295	781	514	42.5
1146	936	210	19.8
1064	750	314	32.1
平均数值：1184	803	381	34.6
			P.E.m=2.3

在表7-4至表7-6中，初次学习和重新学习所用时间的平均差异，在一天内不同的时间段里也有不同。在B时间段所进行的实验中，平均差异是254且应乘以4/3，原因在于，它是以6个音节组为学习资料得出来的结果。但是，这些差异的变化和学习所用时间（以Q表示），存在相当的一致性。所以，可以将所有的Q数值合并起来，计算平均Q值，结果是33.7（P.E.m=1.2）。

表7-7至表7-9中，间隔时间为2天，共进行26个实验，在A时间段内进行的实验有11个，在B时间段内进行的实验有7个，在C时间段内进行的实验有8个。

表 7–7

L/s	WL/s	△/s	Q/%
1066	895	171	17.4
1314	912	402	32.7
963	855	108	12.3
964	710	254	28.9
1242	888	354	30.6
1243	710	533	46.0
1144	895	249	23.5
1143	874	269	25.4
1149	953	196	18.4
1090	855	235	23.4
1376	847	529	41.0
平均数值：1154	854	300	27.2
			P.E.*m*=2.3

表 7–8

L/s	WL/s	△/s	Q/%
752	549	203	29.5
1087	740	347	33.9
1073	620	453	44.9
826	693	133	17.5
905	548	357	42.4
811	763	48	6.4
782	618	164	22.8
平均数值：891	647	244	28.2
			P.E.*m*=3.5

表 7-9

L/s	*WL*/s	△/s	*Q*/%
1246	899	357	31.6
1231	885	346	30.2
1273	1039	234	19.7
1319	925	394	31.9
1125	971	154	14.8
1275	891	384	32.3
1322	857	465	37.6
1170	880	290	26.7
平均数值：1245	917	328	28.1
			P.E.*m*=1.8

从表7-7至表7-9中，我们会看到，3个平均的Q值非常接近，我们再求其平均，26个实验的总平均Q值是27.8（P.E.*m*=1.4）。

表7-10至表7-12中，间隔时间为6天，共进行26个实验，A时间段内进行的实验有10个，B时间段内进行的实验有8个，C时间段内进行的实验有8个。具体数据见表7-10至表7-12：

表 7-10

L/s	*WL*/s	△/s	*Q*/%
1076	868	208	21.0
992	710	282	31.1
1082	756	326	32.7
1260	973	287	24.4
1032	864	168	17.7
1010	955	55	5.9

续表

L/s	WL/s	△/s	Q/%
1197	818	379	34.1
1199	828	371	33.3
943	697	246	28.7
1105	868	237	23.2
平均数值：1090	834	260	25.2
			P.E.*m*=1.9

表 7–11

L/s	WL/s	△/s	Q/%
902	564	338	40.3
793	517	276	37.9
848	639	209	26.5
871	709	162	20.1
1034	649	385	39.7
745	728	17	2.5
975	645	330	36.2
805	766	39	5.3
平均数值：872	652	220	26.1
			P.E.*m*=4

表 7–12

L/s	WL/s	△/s	Q/%
1246	922	324	27.9
1334	1097	237	19.0
1293	939	354	21.0
1401	988	413	31.4

续表

L/s	WL/s	△/s	Q/%
1214	992	222	19.7
1299	1045	254	20.9
1358	1047	311	24.4
1305	881	424	34.8
平均数值：1306	989	317	24.9
			P.E.m=1.6

上述结果中，全部26个实验节省工作量的平均数是25.4（P.E.*m* =1.3）。

表7-13至表7-16中，间隔时间为31天，共进行了45个实验，A时间段内进行的实验有20个，B时间段内进行的实验有15个，C时间段内进行的实验有10个。

表 7–13

L/s	WL/s	△/s	Q/%
1069	813	256	26.0
1109	785	324	31.6
1268	858	410	34.7
1280	902	378	31.6
1180	848	332	30.3
1095	888	207	20.5
1089	988	101	10.1
1113	1043	70	6.8
1090	1025	65	6.5
997	876	121	13.3

续表

1116	934	182	17.7
1060	893	167	17.1
930	796	134	15.9
1030	769	261	27.6
980	862	118	13.2
1079	805	274	27.6
1254	978	276	23.6
1164	938	226	20.9
1127	869	258	24.8
1268	972	296	25.0
平均数值：1115	892	223	21.2
			P.E.*m*=1.3

表 7–14

L/s	*WL*/s	△/s	*Q*/%
831	638	193	25.2
867	516	351	43.7
960	748	212	23.7
828	675	153	20.0
859	705	154	19.4
838	661	177	22.9
946	887	59	6.7
833	780	53	9.9
696	532	164	25.9
757	626	131	18.9
906	733	173	20.5
1024	915	109	11.4
930	780	150	17.3
899	756	143	17.1

续表

1018	705	313	32.8
平均数值：879	710	169	20.8
			P.E.*m*=1.4

表 7–15

L/s	*WL/s*	*△/s*	*Q/%*
1424	1004	420	31.4
1307	1102	205	16.4
1351	893	458	36.2
1245	1090	155	13.4
1258	895	363	31.0
1155	1070	85	7.9
1219	800	419	36.9
1278	1110	168	14.1
1120	1051	69	6.7
1250	1055	195	16.7
平均数值：1261	1007	254	21.1
			P.E.*m*=2.7

表7-13至表7-15中，45个实验节省工作量的平均百分数为21.1（P.E.*m*=0.8）。

简单分析上列各表中的数字，我们可以看出：在任何一种时间间隔后，重新学习音节组所节省的工作量是有波动性的。这种节省的工作量在任一时间间隔中，都是在间隔终末时对记忆数值的测量。从绝对数值△看是这样，从相对数值Q看也是如此。这些结果来自早期的实验，它们受一些干扰因素的影响，但我先注意到的是实验本身对结果的影响。

虽然这项实验在不少细节方面还存在不规则之处，但从实验结果来看，还是比较成功的。首先，我要说明一点：节省的工作量的绝对数值是没多大价值的。这种数值显然是受一天内学习时间影响的，也就是第一次学习的时间变化影响。当这种变化是最大时（C时间），△值也是最大的；在B时间内有3/4的数值大于A时间内的数值。另外，代表节省工作量和原用时间之间关系的Q值，不受这种比例的影响。在一天内，3个时间段内实验的平均Q值都很接近，在较晚时间内没有任何上升或下降的趋势。所以，我把这种数值列在了表7-16中，详情如下。

表 7-16

序号	I 时间间隔 X/h	II 重学时比初学时节省的时间 Q/%	III 平均概率误差 P.E.m	IV 遗忘的数量 v/%
1	0.33	58.2	1	41.8
2	1	44.2	1	55.8
3	8.8	35.8	1	64.2
4	24	33.7	1.2	66.3
5	48	27.8	1.4	72.2
6	6×24	25.4	1.3	74.6
7	31×24	21.1	0.8	78.9

第4节　实验结果分析

通过前面的种种实验，我们现在从以下3个方面对结果进行分析。

第一，我们也许能够做这样一个结论：**在学习之初，遗忘的速度是很快的，而在最后遗忘是很慢的**，这个事实能够通过实验预见。但是，在我们的实验条件下，一个被试对13个音节的一个音节组，其遗忘过程表现出来的先快后慢的现象，也是令人惊讶的。在第一次学习之后1小时，遗忘会发展到很深的程度，主要表现在，要用原来一半的工作量才能使音节组重新达到背诵的程度；在第一次学习8小时后，要用原来的工作量的2/3才可以达到成诵。渐渐地，这个过程变得越发缓慢，以至于要确定更长时间内，遗忘增长的比重是非常困难的。在24小时后，被试会记得学习资料大约1/3的内容；6天以后，大约记得1/4；一个月之后，只能记得所学内容的1/5。

上述所说的这些时间间隔中，我们能看到，后继的衰退是很慢的。

据此，我们能够轻易地推测出这样的结果：想要使第一次成诵的那些音节组的记忆效果完全消失，就算是彻底搁置在一旁，不做任何的温习，也只能在无限长的时间段之后才会发生。

第二，在实验结果中，第三个和第四个数值的差别最令人不满意，特别是发现第四和第五个数值之间的巨大差别之后。在9—24小时的时间间隔内，记忆内容消失的后续降低百分数是2.1%。在24—48小时的时间间隔内，降低的百分数是5.9%。数据显示，在后面的24小时内，记忆内容的损失几乎之前15小时内损失的内容的3倍。这个数据是很值得怀疑的，因为我们已经确认过，在所有时间间隔内，总是时间越延长，记忆内容后继的降低就越慢。即便我们假设在下列条件下，即15小时内，大部分是夜晚和睡眠时间，而在24小时内，这也占一部分，因此还会在一定程度上延缓后续的降低，所以这一数据是值得怀疑的。

由此，我们可以假定：3个数值中，有一个是因为外界因素的影响而导致这种情况的发生。如果在其他的观察实验中，看到在24小时后重学节省的工作量是33.7%，或许我们会觉得这个数据大了一些，要是能够精准地重复这些实验，这个数值可能会减少1~2个单位，所得的结果可能会更合适。但事实上，这个数值是由上述的观察实验得来的，所以在这里我也只能存疑而已。

第三，因为实验结果的数值有些特殊，它是我个人作为被试得到的，有不确定性。所以，我们不能立刻下结论说，这些数据能够反映一些“规律”性的东西。但值得注意的是，实验中的这7个数值代表着从

1/3小时到31天的时间间距，我们可以将其列入一个简单的数学公式，而得到相对准确的近似值。

我设定了以下数值：

t——代表以分钟为单位的时间，从学习结束前的1分钟计算起。

b——代表重新学习时，以第一次学习所用时间的百分数表示的节省工作量，相当于第一次学习后记忆的数量。

c和k是结果中计算的两个常数。

公式可以写成：b=100k/[（logt）c+k]

应用一般对数和不包括最小二次方的精确计算，得出k和c的值分别是：

k=1.84

c=1.25

结果如表7-17所示。

表 7-17

t	b（观察数值）	b（计算数值）	△
20	58.2	57.0	+1.2
64	44.2	46.7	−2.5
526	35.8	34.5	−1.3
1440	33.7	30.4	+3.3
2×1440	27.8	28.1	−0.3
6×1440	25.4	24.9	+0.5
31×1440	21.1	21.2	−0.1

上表观察数值和计算数值之间的差别中，只有第二个和第四个数值超过概率误差限度。对于第四个数值，我在前面说过，这种稍显大的实验数值是值得怀疑的。至于第二个数值，我认为是由于校正数值的不确定影响导致的。由于t是确定值，所以通过这个工具，根据学习结束的时间，可以正确地计算出b=100。

在音节组刚刚成诵的那一刻，无须重学或重学时间为0，所以节省的工作量就等于原来的工作量。求k的公式是：k=b（logt）c/（100-b）。

100-b是所节省工作量的对应部分，也是重学时所需要的工作量，也就等于第一次学习后遗忘的部分。把这一数值称为v，我们可以得到公式：b/v=k/（logt）c。

对于这个公式的意义，我的解释是这样的：每含有13个音节的无意义音节组识记到无误复现以后，过了不同的间隔时间后，再重新学习，节省的工作和原来学习时的工作比值，约和时间间隔的对数幂成反比。简单地说，就是记忆保持和遗忘之间的比值，和时间间隔的对数成反比。

当然，这个公式及其解释说明只在上述条件下，通过同一个被试得到的结果，它的意义只在于此。至于在其他条件下，对其他被试是否也具有普遍的意义，我尚且不能断言。

第5节 比较实验

上面说的实验虽是我个人作为被试所得的结果，但其结果的可靠性还是有足够依据的，那就是我在其他时期所做的实验，这些实验的结果也证实了上述两个数值具有一定的科学价值。

在上述研究之前，我还进行过几个实验，每个实验包括15个音节组，每组有10个音节。实验过程中，先把音节组识记到可以背诵的程度，平均间隔18分钟后再重新学习。6个实验的结果如表7-18。

表 7-18

L/s	*WL/s*	*Δ/s*	*Q/%*
848	436	412	57.5
963	535	428	50.9
921	454	467	58.5
879	444	435	57.5
912	443	469	59.4

续表

L/s	WL/s	△/s	Q/%
821	461	360	51.6
平均数值：891	462	429	56.0
			P.E.m=1

对含有10个音节的音节组识记成诵后，间隔18分钟后重新学习，可以节省初次学习时工作量的56%，这个数值和之前的实验中，在19分钟后重新学习13个音节的音节组，节省工作量的58%是非常一致的。后一数值虽然间隔时间稍长，可节省的工作量却大一些，这一结果并不矛盾，我们可以在之后的实验中找到依据。特别是在下一章中，实验结果与之完全符合。按照那些结果，较短的音节组识记以后，反而比较长的音节组遗忘得更快一些。

在1883—1884年间，我先后做了7个实验，每个实验含有9个音节组，每组12个音节。第一次学习达到复现24小时后，重新学习，所得结果如表7-19。

表 7-19

L/s	WL/s	△/s	Q/%
791	508	283	37.9
750	522	228	32.3
911	533	378	43.6
725	494	231	33.9
783	593	190	27.1
879	585	294	35.2

续表

L/s	WL/s	△/s	Q/%
689	535	154	23.9
平均数值：790	539	251	33.4
			P.E.m=1.7

实验所得数据告诉我们，24小时后，第一次浮现的后续效果是很明显的。表7-19中，表现为节省原来工作量的33.4%，这个数值和之前的结果，即13个音节的音节组在24小时后重学所节省的工作量33.7%几乎完全一样。虽然两个数值是在时间间隔较长，期间又做了很多差异化较大的研究实验后得到的结果。

第八章

复习的影响和记忆保持

第1节　有关记忆的问题与实验

经过识记、遗忘、重新学习几个阶段之后，在音节组刚好达到成诵时，它们内部的情况必然是相似的。集中注意力关注它们和确认它们时的意识活动，都是比较高涨的，其中有非常类似的复杂活动和它们相联系。可在成诵之后，这种内部的相似性就消失了，音节组被逐渐遗忘了。不过，就像大家所知道的，学习过两遍的音节组在记忆中消退的速度，比学习过一遍的音节组要慢很多。如果经过两次、三次或更多次的重新学习，音节组就会牢牢地印在心里，不容易被遗忘。最后，就像我们推测的那样，这些音节组能被大脑所牢记，就像其他有意义的、常用的表象组合一样，能够随时被我们回忆起来。

我试图找到一个音节组记忆保持的时间长短和重新学习到它恰好能背诵的次数之间的量化关系，以及相关的材料。这种量化关系和第六章中所记录的，对音节组的熟识程度和诵读次数的关系类似。可这里的情况是：复习不是在同一时间进行的，而是在不同时间分别进行的，且越往后复习的次数越少。由于我们不是很了解这些过程的内部联系，所以也没有办法根据一种关系贸然断定另一种关系的情况。

在每次重学时的时间间隔只采取了24小时一种，时间间隔是固定的，音节组的长度不同，分别是包含有12、14和36个音节的不同长度的音节组。一个实验包含第一种长度的9个组，或第二种长度的3个组，或第三种长度的2个组。另外，我还用拜伦的《唐璜》的6节诗句做了几个实验。

实验设计如下：将一定数量的音节组识记到成诵的程度，在第二天同一时间再把它们重新学到能无误复现的程度。用音节组做实验时，实验持续6天；用拜伦的诗句做实验时，实验持续了4天。在第五天时，不必做任何复习，诗句就能立刻从脑海中复现出来，所以，实验不再继续。我用各种长度的音节组都做了7次实验，每次实验共需诵读154次，这只需要花费几分钟的时间。

表8-1至表8-4中的数字，是达到第一次成诵时所进行的诵读次数，包含背诵的那一次。第一行的罗马数字是实验的日子，如Ⅰ是第一实验日。

表 8–1

Ⅰ	Ⅱ	Ⅲ	Ⅳ	Ⅴ	Ⅵ
122	73	45	29	21	16

续表

I	II	III	IV	V	VI
127	73	40	25	18	15
154	78	47	27	18	12
139	61	33	17	12	10
133	73	36	26	18	14
142	66	42	26	17	14
124	70	36	24	16	14
平均数值：134	71	40	25	17	14
P.E.*m*	1.4	1.3	1	0.7	0.5

表 8–2

I	II	III	IV	V	VI
122	73	45	29	21	16
127	73	40	25	18	15
154	78	47	27	18	12
139	61	33	17	12	10
133	73	36	26	18	14
142	66	42	26	17	14
124	70	36	24	16	14
平均数值：134	71	40	25	17	14
P.E.*m*	1.4	1.3	1	0.7	0.5

表 8–3

I	II	III	IV	V	VI
115	52	23	18	9	8
124	59	33	21	12	10
137	55	26	17	12	8
109	48	21	16	10	10
87	39	21	15	13	8
105	40	22	17	12	10
110	41	21	16	10	11
平均数值：112	48	24	17	11	9
P.E.*m*	2	1.1	0.5	0.4	0.3

表 8–4

I	II	III	IV
53	29	18	11
56	29	16	10
53	30	15	10
49	25	14	9
53	27	16	10
53	34	21	9
50	28	17	10
平均数值：52	29	17	10
P.E.*m*	0.7	0.6	0.2

要阐明结果中各平均数值之间存在的关系，我们必须把实验结果中的数值化成统一的单位，即除以各实验中的音节组数，然后再减去用于背诵的那一次，将结果列入表8-5，小数都照近似值为0.5或0.25来计算。

表 8-5

音节组中的音节数	I	II	III	IV	V	VI
12	16.5	11	7.5	5	3	2.5
24	44	22.5	12.5	7.5	4.5	3.5
36	55	23	11	7.5	4.5	3.5
《唐璜》一节诗音节数	7.75	3.75	1.75	0.5	0	0

对上述这些数字，需要从不同的角度进行讨论。

第2节　音节组长度与记忆效果

继续前一节的实验，如果我们对第一天和第二天的实验结果进行分析，就能够对第五章所叙述的实验要素之间的因果关系，得到颇令人欣慰的同时也是期待已久的补充材料。在第五章中，所做的实验曾经表明，音节组的长度增加时，需要的诵读次数也会急剧增加。这里的结果表明，较多的诵读次数不仅能够让较长的音节组实现成诵，还能使它们形成比较巩固的联系。在24小时之后，再次重学到恰好能够背诵的时候，这些音节组的绝对节省量和相对节省量，都要比那些短的音节组大。

依据表8-6的材料，我们能够更加清晰地看出上述的这种关系。

表 8-6

每组中的音节数	诵读次数	24 小时后重学节省的诵读次数	相当于学习时间诵读次数的节省 /%
12	16.5	5.5	33.3

续表

24	44	21.5	48.9
36	55	32	58.2

实验中所使用的较短音节组，在第二次学习时所节省的工作量，只相当于第一次学习时诵读次数的1/3；使用长的音节组，则是6/10。所以，我们可以大致估算，把36个音节学习到第一次成诵，其记忆的巩固程度要比识记12个音节的音节组牢固程度高一倍。

依据过去的经验，学习困难资料，记忆保持得比较好，我们能够从较多的复习次数中，有把握地预测上述所说的普遍存在性。值得注意并难以推测的是精确结果的确定。就材料中提供的数据来看，第一次学习所需诵读次数的增加和所学音节组内部的稳定性之间，不存在正比例的关系。不管是绝对的还是相对的节省量的增加，都没有跟诵读次数的增加达成一致。绝对节省量增加很快，而相对节省量的增加比较慢。

所以，我们不能简单地下结论说：一个音节组在今天学习时需要多次反复诵读，在24小时后重学时，就会节省很多次诵读。这其中的关系十分复杂，需要经过更充分的实验研究后，才可以做出精确的结论。

初次学习英语诗句所需诵读次数和重学英语诗句所需诵读次数之间，存在下列的一些关系：一节英语诗在第一天学习达到成诵的程度，所需的诵读次数还不到最短音节组所需诵读次数的一半。这些诗句第一次学习后就能达到很高的巩固度，以致第二天重新学习时需要诵读的次数，比识记含有24个音节的音节组所需要的诵读次数并不多出很多，大致是第一次学习时所需诵读次数的一半。

第3节 复习的影响

我们必须把连续几天的实验结果视为一个整体来考虑，每一天为记住一定的音节组，所进行的诵读平均次数都要少于前一天。在长的音节组中，第一次达到成诵时用的精力较多，此后每一次在达到成诵时，所需要的工作量递减得也比较快。在短的音节组中，第一次达到成诵是较轻松的，但之后的工作量的递减也相对慢一些。正因为此，不同长度的音节组达到无误复现所需要的诵读次数逐渐接近。在24个和36个音节的音节组中，这种趋向在第二天的试验中就体现出来了，到了第四天，两组的实验数值完全一致。到第五天时，它们接近诵读次数降低较慢的12个音节组的数值。

我们没有办法在这种所需工作量连续递减中看出简单的规律，各音节组连续两天所需诵读次数的比例都接近整数。如果我们在处理数据时，不从总数中减去最后一次背诵时的诵读次数，而将其计算在内，那么这个数值会更加接近整数。但是，这些数值的变化，还无法用简单的公式描述出来。

倘若忽略所需工作量的递减，只考虑所节省的工作量的逐渐降低，上述情况会更加清晰了然。详情请见表8-7。

表 8-7

序号	一组中的音节数					
		I — II	II — III	III — IV	IV — V	V — VI
1	12	5.5	3.5	2.5	2	0.5
2	24	21.5	10.0	5.0	3	1.0
3	36	32.0	12.0	3.5	3	1.0
4	《唐璜》一节诗音节数	4.0	2.0	1.25	0.5	—

在这些数字序列中，第二和第四行的数值，比较接近指数为0.5的递减几何级数，把数值稍微变动即可完全符合。倘若把第一行的数值稍加变动，也可以形成指数为0.6的几何级数。反过来，想要使第三行的数值成为几何级数，就要假定研究结果中发生了重大的错误。

在大部分的结果而非全部结果中，所表现出的相互关系是这样的：如果连续几天内，学习无意义章节组或一节诗，每次都学到第一次无误复现的程度，相连的日期中，所需诵读次数的差数大致会形成递减的几何级数；如果音节组长度不同，那么，较长音节组的几何级数的指数较小，而较短音节组的几何级数的指数较大。

上述提到的一些实验中，个别实验所花费的时间比其他实验要多，因此可以说，这些实验的平均值是从少量的观察材料中得到的。所以，我无法确定能够从所得的结果中发现规律性的东西，也不能肯定这些数据是否经得起反复推敲或是更大范围的实验研究的考验。在这里，我只是提醒大家注意这一点。

第4节　间隔诵读与记忆保持

如前面所说，本章内容研究的问题与第六章有密切联系。这两章的内容都侧重于研究增加诵读次数对音节组识记巩固程度的影响，结论是**巩固程度随着诵读次数的增多而逐渐增加。**在前一章的实验中，所有诵读都是连续的，没有考虑到在诵读过程中自动背诵的存在，以及自动背诵是如何产生的。

在当前的研究中，把诵读分配到几天之内进行，把达到第一次可能成诵的情况分配到不同的日期。如果两种研究的结果有一定的相似性，那我们可以做这样的推测：只要它们能够进行比较，从一定程度上来说，它们就是一致的。我们可以预期，当前的研究和以前的研究结果一样，较近的诵读，也就是第二天、第三天和以后几天的效果，最初和较早诵读的大致相等，之后就降低越来越多。

鉴于实验的性质，目前无法把这些实验进行更精确的对比。首先，

第六章和本章所用的音节组长度不同。另外，根据现有的材料来看，对于连续几天的诵读效果给出比较精确详尽的结论，就材料的内容来看是可以的，但材料的数量不够多，因此是否能够这样做还不能够下准确的结论。

举例来说，有9个音节组，每组12个音节，在连续6天内识记它们所用的诵读次数分别是：158、109、75、56、37、31。诵读158遍所产生的效果是，在第二天需要诵读109次，差别是158-109。但是，109次诵读在第三天的识记效果却不是109-75的差数。我们要知道，如果第二天没有继续诵读，那么第三天识记要诵读的次数是多少，将其设为X，然后求出X-75的差数，这个结果是109次诵读的效果。因为，从第二天到第三天的时间间隔中，遗忘的数量会再多一些，X的数值肯定要大于109。

以此类推，要确定第三天诵读75次的效果，我们可能用第一天需要诵读的158次，第二天需要诵读109次的音节组，来获得第四天学习能够达到成诵需要的诵读次数Y，用Y-56的差数作为效果的量化。第七章所得的效果，可以作为确定X数值的基础，其结果表明：13个音节的音节组在24小时后的遗忘量比上2×24小时之后遗忘的量，结果是66：72。这个数值本身并不过精确，只可求得12个音节的音节组数值，用它也无法确定Y值。我们至多可以设想，这样求出的比值大致接近整数。

因此，我在实验中摒弃了不可靠的假设，只列出了连续几天的诵读和连续节省之间的关系。表8-8数据可以表明，我们设想的间隔诵读的纯粹效果表明得很明显，数值也比较接近。

表 8-8

一组音节中音的数	几天内诵读一次，24 小时后节省的量				
	I	II	III	IV	V
12	0.31	0.31	0.25	0.34	0.16
24	0.47	0.44	0.38	0.32	0.16
36	0.57	0.50	0.29	0.35	0.18

正如前面所说，虽然这些数字的绝对值并不十分精确，能够表现出明显规律的也只是有24个音节的音节组，但这些绝对值所表现出来的一般趋势是和第四章的结果相一致的。在最初阶段，诵读的效果是大致固定的，由诵读所节省的工作量在一定阶段内和诵读次数成正比。但是，达到一定程度之后，诵读的效果会逐级降低，尤其是当对音节组的记忆巩固以后，在24小时后能完全自动复现时，诵读的效果会明显变小。第四章所得的数据与本章的实验数值相对照，是能够相互验证的。

然而，这两章的实验结果当中，有一个明显的区别需要我们重视。在第六章第4节的表内材料中，我们看到每组含有12个音节的6个音节组，识记到成诵的程度，平均要诵读410次，24小时后重学到能成诵时平均需要41次。这就是说，一个有12个音节的音节组，68次的连续诵读可以使它在第二天再诵读7次就能实现无误复现。在当前的研究中，诵读是分散在几天内进行的，同样的效果在第四天才表现出来：含有12

个音节的9个音节组，在诵读56次之后就达到了成诵的程度，每一组识记时大约需要诵读6次。

要达到此效果，对9个音节组来说，需要的诵读次数是158+109+75=342，一个音节组平均诵读38次。为了在一定时间内重学包含12个音节的音节组，分散在前三天内38次诵读和在前一天68次诵读的效果是一样的。但是，由于所进行实验的数目太小，这些数字的可靠性就需要打些折扣，我们对此持保留态度。下面的假设可能更接近事实：在一定时间内，分散复习诵读的效果，要优于集中复习的效果。

在实际学习中，这些规律的应用在很有限的条件下所得到的效果是大致相符的。学生不会强迫自己在当天晚上就把所有的字句语法都背熟，因为他知道第二天早上再次诵读效果更好。老师也不会在课堂上给学生留太多的作业，占满他们的全部时间，而是会给学生留出一部分时间多复习几次。

第九章

识记顺序和记忆保持

第1节　时间顺序引发的联想及解释

在本章中，先要讨论一组研究实验结果，这组研究实验的目的在于探讨联想的产生及其条件。对于这一研究结果，我认为在理论上是有特殊价值的。

前面我们提到过，**记忆的概念表象会从隐蔽的记忆中自发地涌现出来，跑到清醒的意识中来。**这个过程不是随意的，也不是偶然的，而是遵循着一定的规律，即联想律。所以，这个过程是有一定规则和形式的。这些规律的一般知识存在已久，甚至跟心理学的存在一样久远，但在另一方面，关于这些规律的更精确、更系统的描述和表达，直至现在依然存在争议，这是令人费解的。对这些规律的每一个新描述，都是从亚里士多德语录的重新解释开始的，依据我们现有的知识来说，也确实有必要这么做。

按照通常的说法，这些与联想有关的规律可陈述如下：在同一个个体中心，同时或紧接着发生的一些概念或想法，很容易按照它第一次出现的顺序彼此相互唤起，这种现象的确定性和它们同时发生的频繁程度成正比。

已经有一些实验证明，不自主的记忆复现在心理现象中是真实存在的，且这种现象也是最常见的心理事实。记忆复现在各种形式的回忆中都可能发生，即便是在有意识伴随的回忆中也不例外。例如，在我们所熟悉的，对音节组的无数次回忆复现中，一直努力的作用只是树立回忆复现的想法，并抓取音节组中的第一项来引发联想。然后，组中其他项就会自动地随之复现出来。这和一系列同时发生的事件，按照原有顺序复现的规律是一样的。

只认识到这些简单易见的事实，还远远不够。我试图更深入地研究记忆内部的机制，因为正是它们产生了这些心理事实。可是，如果我们一再追究“为什么”，就会钻入牛角尖，因我们所掌握的知识有限，一再追究肯定会触顶。

从一般习惯上来讲，我们经常会把这种形式上的联想视为一种心灵特质。有人说，心理现象不是被动发生的，是个体的主观活动。个体通过一定的方式将自身活动的各种内容联结起来，使得这些心理现象得到了统一，还有比这解释更自然、更合理的吗？我们通常认为，在意识中同时发生或紧接着经历的事物，都属于同一意识的活动。正因为这样的关系，意识的各种成分会联结起来，而联结的强度又跟这种意识的联结次数成正比。当适当的时机出现时，使这种有关联的复合体其中的一部分复活起来之后，接下来发生的，就是这部分会吸引其他部分一起到意识中来。除此之外，还会发生什么吗？

对于我们要研究的主题来说，这种说法并未给出更有意义的解释。因为，复合体的其余部分不仅被召唤出来，且对于这种召唤的反应有非常明确的方向性。如果各部分的内容仅仅是因为属于同一种意识活动而联合起来，那么这种联合之间就必然一样。既如此，各部分内容在序列中复现时，又如何能精确地按照原来的顺序结合，而不是随机组合呢？为了弄清楚这一点，我们从两方面进行研究。

首先，我们可以先做这样一个推测：在一种意识活动中出现的各个事物之间的联结，存在于每一项和它紧接着的下一项中，而不会存在于间隔的其他项中。不同项之间的联结会受中间项的抑制，但不会受时间中断的影响。如果我们这样回答事实，那么，因为意识的统一活动所得的优势却又消失了。无论一次意识活动能够掌握多少个概念，可以进行多少争论，能够肯定的是，至少在多数情况下，在一次意识活动中，要包括两个以上的项。如果我们把这种解释的一方面，也就是意识的统一作用，作为可以随意应用的因素，那么另一方面，即项目成分的多样性，也必须考虑进来，而不能依据假定的理由将它否定掉。否则，我们只能说，它是这样，因为它有充分的理由成为这样。

第二种说法也很吸引人，这种观点认为：一种意识活动中所包含的各种概念，的确是联结在一起的，但这些联结又是不相同的。联结的强度和时间间隔以及中间项目的数目成反比关系。在项目之间存在的间隔时间越长，间隔的其他项目越多，两个项目联结的强度也就成比例地越小。假设a，b，c，d代表在一种意识活动中出现的系列项目，a与b之间的联结就比a与c之间的联结要强，a与c之间的联结又比a与d之间的联结要强。

假设a项目以某种方式复现出来，它会带动b和c以及d的复现，但因为b和a项的联结更直接，所以b比c会更快、更容易复现，以此类推。尽管所有项目的成分之间彼此有联结，但这一系列一定是按它原来的顺序在意识中重现的。

霍尔巴特为我们提供了一种逻辑性很强的观点。他没有正面承认，相邻概念之间的联结基础源于意识活动的统一作用，但他的想法和这一观点也不是完全对立的：在统一的心灵之中，相反的概念由于部分地互相抑制而形成联结，又继之与其余部分融合。当然，这些论述跟我们的目的没有太大的关联，也不太重要，他讲道："假设a，b，c，d……一系列项目是早已经存在于知觉中，从知觉存在那一天起，一直以来，a项目都受制于存在于意识中的其他观念。当a已经从全部的意识中部分消逝，越来越多地受到抑制时，b就出现了。b刚开始出现时不受抑制，和正在消退的a融合起来。c项也跟着复现出来，它也不受抑制，与很快变模糊的b以及更模糊的a进行融合。d项目则以同样的方式、不同的程度与前三项产生联结。

"在这些概念中，每一个概念都遵循一定的规律。依据规律，在整个系列的概念消失在意识之外的一定时间段里，每一个概念以它自己的方式重现之后，都会唤起同一系列中的其他概念。举例来说，如果概念a先出现，那么和它关系最密切的b会更容易被唤醒，而c和a的联结就差一些，d和a的联结更差。从另一个角度看，相反的顺序是：b，c和d都处于一种不受抑制的状态，都会和a的片段或部分发生融合。于是，a试图把它们全都唤醒，变成不受抑制的概念，但是它的唤醒对b最快、最强，对c和d就越来越慢。通过更加深入的实验观察，我们还可以看到，当c正在被唤醒时，b会被掩藏下去，而当d显露时，c又会消逝。

“简单地说，这一系列项目在消退的时候也会按照它们原来的样子和顺序进行。如果我们做这样一个假设：现在最先复现的概念不是a而是c，那么，c对于d和以下各项的影响时和a作为首先复现项，所表现出来的效果是一样的。这就是说，c，d，e……各项按照其原来的顺序逐渐出现，又逐渐消失。然而，b和c所受到的影响就完全不同。没有受到抑制的c和a，b各项在意识中的片段和部分发生融合，c对于a和b的影响并没有受到损失或阻碍，但这种影响只限于唤回和它联结的a和b的意识的片断，也就是只能把b的一部分和a的更小的一部分唤回到意识中来。

“以上所说是回忆过程在一个已知系列的中间项开始时所发生的情况。在回忆过程中，第一个复现项之前的各部分会立刻被唤起，且清晰度不同，而在回忆点以后的部分则按照整个系列原来的顺序逐步出现，再逐步消失。可以确定的是，对一个固定的系列来说，它的各项之间的顺序永远不会倒行，就好比这样一个事实：一个我们非常熟悉的字，但是它的倒字如果不经过努力辨认，我们是很难把它认出来的。”

根据上述所说的内容，把记忆中成系列的各项联结起来的联想纽带，不仅存在系列中的每个项目和它紧接着的项目之间，也藏在彼此之间存在任何中间项目以存在任何时间关系的项目之间。联系的强度由于项目之间的距离而强弱不等，即便是对于最弱的联系项来说，也有重要的意义。

能不能接受上述的说法，意义也很重大，因为它关系着一个人对心理现象的内部联系以及它们之间的联合、组织的丰富性和复杂性的看法。但如果把实验观察仅限于意识的心理活动，把记录的关注点放在广阔的生命海洋表面荡起的一点涟漪，那就是一些无益的争论了。

按照上述假说，连接两个紧邻项目之间的纽带虽不是唯一的，却比其他的纽带都更强、更有力。结果必然是，它们成了唯一被意识感知或是唯一可被观察到的最重要的项目。

从另一个角度来说，在实验中报道过的研究方法，能够让我们发现那些强度不大的联结。这需要实验者人为地将这些联结增强到一定且一致的可复现水平。按照这个方法，我组织了大量的实验进行研究，并用实验在音节组的领域来检查这个问题。探索联想的强度和在意识中按照一定顺序呈现的同一系列各项次序之间的实际依存关系。

第2节　对实际行为的研究

实验是用含有16个音节的6个音节组进行的。为了更清楚地说明这个实验，我将音节组用罗马字母标注，将音节用阿拉伯数字标注。按照下列形式组成的各音节组成为一次实验的材料。

Ⅰ（1）Ⅰ（2）Ⅰ（3）…Ⅰ（15）Ⅰ（16）

Ⅱ（1）Ⅱ（2）Ⅱ（3）…Ⅱ（15）Ⅱ（16）

……

Ⅳ（1）Ⅳ（2）Ⅳ（3）…Ⅳ（15）Ⅳ（16）

如果我一组一组地学习这样几个音节组，学到每一组都能无误地复现一次，且在间隔24小时后，按同样的顺序重新学到无误复现的程度，重学所用时间大约是初次学习所用时间的2/3。其中所节省的1/3的工作，可作为第一次学习中，在每个项目（音节）和它紧接的项目之间联结强度的一种清晰测量。

接下来，我们进行这样一个设想：在重学音节组时，不按它原来的顺序进行，会出现什么样的情况？比如，在初次学习时，顺序是Ⅰ（1）Ⅰ（2）Ⅰ（3）…Ⅰ（15）Ⅰ（16），在重学时把顺序改为Ⅰ（1）Ⅰ（3）Ⅰ（5）…Ⅰ（15）Ⅰ（2）Ⅰ（4）Ⅰ（6）…Ⅰ（16），其他音节组也是这样。这就是把原来顺序中奇数的各音节形成一个序列，放在音节组的前半部分，偶数的各音节组成一个序列，放在音节组的后半部分。那么，把经过改造的16个音节组重学到无误复现，结果会怎样呢?

在这种改组过的音节组中，每个项都跟它原来紧邻的项分开了。组中间的两个成分又不一样。如果改组后的这些中间项对联想的形成是一种阻碍，那么改组过的音节组就相当于完全没有学习过的新资料。实验发现，被试按照原来的顺序学习过一次之后，再重新学习改组后的音节组，不会节省任何工作量。

另一方面，如果在第一次学习中，不仅在每两个紧邻的项目之间建立联结，同时也在相隔的各项和较远的各项之间也建立联结，那么改组后的音节组，在重新学习时就会节省一些工作量。现在，紧邻着的各项已经由一定强度的纽带联结起来了，学习这样一组音节明显能节省一部分工作量，但节省的量不如重学原有的、未改组的音节组。

在这样的情况下，节省的工作量就是，对改组后的两个项目之间联结强度的量化。倘若把原来的音节组，用隔2个或3个以及更多的方式改组成不同的新组，也会得到相应的结果。学习这些改组后的音节组，可能没有明显的节省，也可能有一定的节省，在原来紧邻的项目之间插入的项目越多，节省的工作量也会成比例地减少。

依照这些想法，我进行了下面的实验。每个实验中，都有6个音节组，每组含有16个音节，各组内的音节随机排列。然后，把每6个音节组改成6个新的组，每组依然是16个音节，在新组中把原来相隔1个、2个、3个或7个音节的各音节排成前后紧接的组。

如果用前面提到过的方法，标明各音节在原组中的顺序，那么，我们会看到以下各组。

原来的组：

Ⅰ（1）Ⅰ（2）Ⅰ（3）…Ⅰ（15）Ⅰ（16）

Ⅱ（1）Ⅱ（2）Ⅱ（3）…Ⅱ（15）Ⅱ（16）

……

Ⅳ（1）Ⅳ（2）Ⅳ（3）…Ⅳ（15）Ⅳ（16）

改组后的各组：

隔1个音节的：

Ⅰ（1）Ⅰ（3）Ⅰ（5）…Ⅰ（15）Ⅰ（2）Ⅰ（4）Ⅰ（6）…Ⅰ（16）

Ⅱ（1）Ⅱ（3）Ⅱ（5）…Ⅱ（15）Ⅱ（2）Ⅱ（4）Ⅱ（6）…Ⅱ（16）

……

Ⅳ（1）Ⅳ（3）Ⅳ（5）…Ⅳ（15）Ⅳ（2）Ⅳ（4）Ⅳ（6）…Ⅳ

（16）

隔2个音节的：

Ⅰ（1）Ⅰ（4）Ⅰ（7）Ⅰ（10）Ⅰ（13）Ⅰ（16）Ⅰ（2）Ⅰ（5）Ⅰ（8）Ⅰ（11）Ⅰ（14）Ⅰ（3）Ⅰ（6）Ⅰ（9）Ⅰ（12）Ⅰ（15）Ⅱ（1）Ⅱ（4）Ⅱ（7）…Ⅱ（16）Ⅱ（2）Ⅱ（5）…Ⅱ（14）Ⅱ（3）Ⅱ（6）…Ⅱ（15）

……

Ⅳ（1）Ⅳ（4）Ⅳ（7）…Ⅳ（16）Ⅳ（2）Ⅳ（5）…Ⅳ（14）Ⅳ（3）Ⅳ（6）…Ⅳ（15）

隔3个音节的：

Ⅰ（1）Ⅰ（5）Ⅰ（9）Ⅰ（13）Ⅰ（2）Ⅰ（6）Ⅰ（10）Ⅰ（14）Ⅰ（3）Ⅰ（7）Ⅰ（11）Ⅰ（15）Ⅰ（4）Ⅰ（8）Ⅰ（12）Ⅰ（16）

Ⅱ（1）Ⅱ（5）…Ⅱ（2）Ⅱ（6）…Ⅱ（3）Ⅱ（7）…Ⅱ（4）Ⅱ（8）…Ⅱ（16）

……

Ⅳ（1）Ⅳ（5）…Ⅳ（2）Ⅳ（6）…Ⅳ（3）Ⅳ（7）…Ⅳ（4）Ⅳ（8）…Ⅳ（16）

隔7个音节的：

Ⅰ（1）Ⅰ（9）Ⅱ（1）Ⅱ（9）Ⅲ（1）Ⅲ（9）Ⅳ（1）Ⅳ（9）Ⅴ（1）Ⅴ（9）Ⅵ（1）Ⅵ（9）

Ⅰ（2）Ⅰ（10）Ⅱ（2）Ⅱ（10）Ⅲ（2）Ⅲ（10）Ⅳ（2）Ⅳ（10）Ⅴ（2）Ⅴ（10）Ⅵ（2）Ⅵ（10）

Ⅰ（3）Ⅰ（11）Ⅱ（3）Ⅱ（11）Ⅲ（3）Ⅲ′（11）Ⅳ（3）Ⅳ（11）

……

Ⅰ（8）Ⅰ（16）Ⅱ（8）Ⅱ（16）Ⅲ（8）Ⅲ（16）Ⅳ（8）Ⅳ（16）Ⅴ（8）Ⅴ（16）Ⅵ（8）Ⅵ（16）

从上面的改造我们能够看出，改组后的各音节中，并不是所有紧邻的音节都按照说明的情况，隔了原来的那么多音节。为了让每个音节组都包含16个音节，我在有些地方加大了间隔，但没有缩小的情况存在。

比如，在相隔2个音节的组中，相邻的音节有原来的Ⅰ（16）~Ⅰ（2）和Ⅰ（14）~Ⅰ（3）等。在隔7个音节的组中，有7个地方相邻音节之前没有联系，因为它们原来属于不同的组，而不同的组是分别学习的。如Ⅰ（9）~Ⅱ（1）和Ⅱ（9）~Ⅲ（1）等。这些和改组原则不相符的地方在不同的组中，情况也有差异。但在每一组中的数目是和相隔的音节数目相等的。由于这种差异，改组后的不同音节组是不等值的。

我们看到，在实验过程中，相隔7个以上的音节也是需要的，但我没有进行这种实验，因为用含有16个音节的音节组作为资料的研究已经够多了，且用间隔7个以上的音节的方式来改组，那么不符合改组原则的地方也会增加。改组后的音节组中，所含有的原来曾在一个组中因而可能建立联结的音节就太少了，这样改组后的不同音节组也不便于进行比较。

研究的方法如下：先学习原来没有经过改造的6个音节组，间隔24小时后再学习改组后的音节组，然后比较两次学习所用的时间。由于受到上述缺点的限制，这些音节所得结果在某种情况下是值得商榷的。即便是在学习改组后的音节组时节省了一些时间，但所节省的这些工作量未必是预先设想的理由造成的。也就是说，节省的工作量不一定是由直接紧邻的音节之间的联想导致的。

理由如下：音节组中，所有的音节在初次学习时是一种顺序，间隔24小时后重新学习时又是一种顺序，顺序虽不一样，但音节没有变。在第一次学习时，被试记住的不仅是有一定顺序的音节，同时也记住了个别的独立音节，这些音节在重学时就会变得比较熟悉，最低限度也要比那些没有学习过的音节眼熟一些。而且，改组后的音节组第一个音节和最后一个音节，也经常会跟原来的音节组相同。所以，如果重学改组后的这些音节组能够节省一些时间，也是意料之中的事。节省时间的基础不一定是对音节顺序的人工、系统的改变，而只是在于它们之中含有一些相同的音节。如果只是随意排列音节，重学的时候依然有可能节省一些工作量。

考虑到这种反对的理由，同时也为了检验其他的结果，我又引用了第五种改组的音节组。具体来说就是，保留原来组的第一个和最末一个音节，把其余的84个音节混编在一起，随机抽出来排在第一个和最末一个音节之间，形成一个新的音节组。再把学习这样的音节组所得的结果和初学、重学的成绩进行比较，就可以揭示出在节省的工作量中，有多少是由于每个组的第一个和最后一个音节的相同所产生的。

第3节　间接顺序的联系

为了研究以不同形式改组的音节组，在重学时所用时间的差异，我在9个月中安排了五大组实验，每组含有11个原来音节组和重学时改组的音节组，共计55个实验。实验的数值结果如下。

表9-1，在原来音节组的基础上，中间隔1个音节改组的音节组。

表 9-1

学习原音节组所用时间 X/s	学习改组音节组所用时间 Y/s	学习改组音节组节省时间 Z/s
1187	1095	92
1220	1142	78
1139	1107	32
1428	1123	305
1279	1155	124
1245	1086	159
1390	1013	377

续表

1254	1191	63
1335	1128	207
1266	1152	114
1259	1141	118
平均数值：1273	1121	152

表9-2，在原来音节组的基础上，中间隔2个音节改组的音节组。

表 9-2

学习原音节组所用时间 X/s	学习改组音节组所用时间 Y/s	学习改组音节组节省时间 Z/s
1400	1185	215
1213	1252	−39
1323	1245	78
1366	1103	263
1216	1066	150
1062	1003	59
1163	1161	2
1251	1204	47
1182	1086	96
1300	1076	224
1276	1339	−63
平均数值：1250	1156	94

表9-3，在原来音节组的基础上，中间隔3个音节改组的音节组。

表 9-3

学习原来音节组所用时间 X/s	学习改组后音节组所用时间 Y/s	学习改组后音节组节省时间 Z/s
1282	1347	−65

续表

学习原来音节组所用时间 X/s	学习改组后音节组所用时间 Y/s	学习改组后音节组节省时间 Z/s
1202	1131	71
1205	1157	48
1303	1271	32
1132	1098	34
1365	1235	130
1210	1145	65
1364	1176	188
1308	1175	133
1298	1209	89
1286	1148	138
平均数值：1269	1190	78

表9-4，在原来音节组的基础上，中间隔7个音节改组的音节组。

表 9-4

学习原来音节组所用时间 X/s	学习改组后音节组所用时间 Y/s	学习改组后音节组节省时间 Z/s
1165	1086	79
1265	1295	−30
1197	1091	106
1295	1254	41
1233	1207	26
1335	1288	47
1321	1278	43
1344	1275	69
1322	1328	−6
1224	1212	12
1294	1217	77
平均数值：1272	1230	42

表9-5，在原来音节组的基础上，保留原来音节组的首位音节，中间音节随机安排。

表 9-5

学习原来音节组所用时间 X/s	学习改组后音节组所用时间 Y/s	学习改组后音节组节省时间 Z/s
1305	1302	3
1181	1259	−78
1207	1237	−30
1401	1277	124
1278	1271	7
1302	1301	1
1248	1379	−131
1237	1240	−3
1355	1236	119
1214	1142	72
1147	1101	46
平均数值：1261	1250	12

上面表格中的各组数值结果总结如下。

在原音节组的基础上，隔1、2、3和7个中间音节改组音节组，重学时所节省的平均时间分别是152、94、78和42秒；把原来的音节组中的音节随机安排，只保留首尾音节的改组音节组，重学时平均节省12秒的时间。

为了确定这些数字究竟有多大意义，在我作为被试时，我将它们与在24小时后重学原音节组所节省时间的结果进行了比较。重学16个音节的音节组时，节省的时间约是初学时所用时间的1/3，大概是420秒。

这个数值可以作为音节组中，各项与其邻近项之间联结强度的量化，即在现有的实验条件下，各项之间最高的联结效果。如果把这种联结强度的数据作为一个单位，那么每一项和从它数起第三项的联结还是比较紧密的，和第四项的联结就差一些了。

在我作为被试的情况下，实验所得结果的性质证实了前面提到过的，霍尔巴特所说的第二种概念。经过最初的诵读之后，不仅音节组中相邻各项之间会建立联系，每一项与它中间有间隔各项之间也会建立某种联系。概括来说，各项之间不仅会建立直接的联系，也会建立间接的联系。这些联系的强度会随着中间间隔项目的增加而递减。倘若中间间隔的项目不多，两项之间的联系强度会很高，简直出人意料。

另外一方面，保留音节组中的首末项不变，其他音节随机排列，这种改组是否能在重学时节省工作量，还有待证实。

第4节 排除知悉结果的干扰

由于要对结果的可靠度进行比较详细的讨论，所以上述列表中的结果，并未提到概率误差。

实验研究后，我对实验的结果没有给予任何明确的结论。在我看来，得到对改组后音节组的学习有利的结果，并不比得到相反的结果更值得高兴。当实验结果的数据越发清晰地表明，这种便利确实存在时，实验所揭示的事实的确是存在且非常自然的。在第七章第2节第4段的叙述中，我们可以推想，在实验中主试者和被试的一些想法，可能会影响实验的结果。如果被试更加注意学习改组后的音节组，那么学习效率自然会提高，这样做的后果就是，虽然不是这种想法使实验结果有了节省的工作量，但至少它促进了工作量的节省。

上述5组实验中，前三组是节省工作量最大的。这一结果就是在重新学习那些间隔1、2、3个音节的改组音节组时表现出的促进作用。在这里，节省的工作量意义重大，被试又非常注意使结果不受自身想法的干扰。如果把工作量的节省归因于无意识注意的影响，那就过分高估了这种作用。再深入一点来说，实验数值结果中所表现出来的规律性，节省的工作量和间隔音节数量之前的依存关系，依据这种假说都是很难设想的。高度集中注意力只能产生一般的影响，它如何能够让相隔几个星期甚至是几个月的实验产生那样规律的结果呢?

上述的反面想法，会让我们质疑第四组的实验结果，也就是重学那些间隔7个音节改组的音节产生相对少的节省量。在这样的情况下，由于联系是在两个距离较大的项目之间存在的，所以，精准地确定差异有着特别的意义。

在目前这种研究情况下，我认为安排实验很有必要，为的是排除熟悉所获得结果的可能性，消除隐蔽看法和愿望的干扰。于是，我按照下面的方式编制了一大组实验，包括30个复式实验，对于上述实验结果中不太明确的部分进行验证。

具体来讲就是，在一页纸的一面写着随机选定的含有16个音节的6个音节组，在纸的另一面写着按照前面第九章第2节所说的方法改组的6个音节组。这样，就有了5种方式的改组音节组，每种有6张实验纸。每张纸的正面和反面是容易区分的，但实验纸张彼此很难区别。30张纸准备好后，打乱混放在一起，搁置一段时间，直到被试对其中的内容都忘记后再拿出来使用。

在我的实验中，我先学习了正面的音节组，24小时后再学习纸张反面的音节组，都学到无误复现的程度。把学习一个音节组需要的时间记下来，直到30张纸上的音节组都学完之后，再把数据集中起来进行处理。下面是所得数据的详细情况。

表9-6，在原有音节组基础上，间隔1个音节改组的音节组。

表 9-6

原有音节组学习时间 X/s	改组音节组学习时间 Y/s	节省时间 Z/s
1137	1081	56
1292	1045	247
1202	1237	−35
1272	1202	70
1236	1299	137
1240	1157	183
平均数值：1280	1170	110

表9-7，在原有音节组基础上，间隔2个音节改组的音节组。

表 9-7

原来组学习的时间 X/s	改组后音节组学习时间 Y/s	节省时间 Z/s
1415	1232	183
1201	1290	89
1291	1156	135
1358	1153	205
1232	1254	−22
1168	1107	61
平均数值：1278	1199	79

表9-8，在原有音节组基础上，间隔3个音节改组的音节组。

表 9-8

原来组学习的时间 X/s	改组后音节组学习时间 Y/s	节省时间 Z/s
1205	1166	39
1339	1068	271
1179	1293	−114
1238	1196	42
1257	1231	26
1240	1122	118
平均数值：1243	1179	64

表9-9，在原有音节组基础上，间隔7个音节改组的音节组。

表 9-9

原来组学习的时间 X/s	改组后音节组学习时间 Y/s	节省时间 Z/s
1191	1120	71
1191	1185	6
1237	1295	−58
1350	1306	44
1308	1260	48
1289	1158	131
平均数值：1261	1221	40

表9-10，在原有音节组基础上，保留首尾音节，其他音节随意排列改组音节组。

表 9-10

原来组学习的时间 X/s	改组后音节组学习时间 Y/s	节省时间 Z/s
1305	1180	125
1206	1205	1
1310	1426	−116
1163	1089	74
1272	1388	−116
1309	1305	4
平均数值：1261	1266	−5

间隔1、2、3、7个音节改组的音节组，学习时间平均节省的时间分别是110、79、64、40秒。第五组实验中，也就是音节随意排列组合而形成的新音节组，学习时平均还会增加5秒。

整体来说，上述实验所获得的结果准确验证了之前得到的结果。由于实验的数量相对较少，完全排除了每个实验中知悉结果的干扰。虽然独立看每个所得数值在分配上没什么规律，可整体来看，却是符合基本规律的。这规律就是，在学习到能够无误复现的改组音节组中，间隔的音节数目越少，在重学的时候阻力越小。同样，两个项目之间存在的项越少，在初次学习时，两项目之间建立的联结越强。

前后两大组实验中所得的数据，除了一般趋势一致以外，在以下两方面也是一致的。

第一，间隔1个音节和间隔2个音节时，学习的差异最大，间隔2个和间隔3个音节时，学习的差异最小；第二，间隔2个音节的音节组，比间隔一个音节的音节组，在重学时节省的工作量小。对于这种现象，我们可以从两个方面来解释。

考虑到实验数据表现出的规律性，这种现象应当不是偶然的。在此，实际表现出来的结果可能是因为前面说过的，被试或主试者主观预期的影响。根据这种假设，间隔1个音节的第一组实验，所得的很大数值可能是因为，在实验过程中，被试在主观上预期，学习改组后的音节组时会有工作量的节省。鉴于此，被试在学习这些音节组时，就会不知不觉提高注意力，变得更加专注。

另一方面，排除了知悉结果的干扰，在学习第二大组的音节组时，就产生了一种干扰的因素，导致节省的工作量变小。还有这样一些实际情况，就是在学习改组后的音节组时，被试经常会带着一种强烈的好奇心，想知道这些音节组和以前的音节组有什么不同，到底是什么类型的改组。这种情况本身就是一种干扰，会形成一种阻滞。在随机排列改组的音节组中，学习的结果中也表现出这种干扰。被试会不自觉地带着这样一种预期：因为这些音节是一样的，首末项也没变，不管怎么说也能够节省一些工作量。在过去的实验中，工作量都有一定程度的节省，可在后一部分的实验中，非但没有节省，反倒在诵读时间上有明显的增加。如果不是偶然，那么要解释这种情况，除了好奇心的因素外，就没有更合适的理由了。

很有可能这两种因素是同时产生作用的，导致第一大组的实验节省了不少工作量，而第二大组的结果又有些过低。根据这种假设，应当将前后两部分数值合并起来，使相反的误差彼此抵消。这样，我们最终就能得到85个复式实验结果，列入表9-11。

表 9-11

改组后音节组，间隔音节数目	学习原音节组所用时间 /s	学习改组音节组所用时间 /s	学习改组音节组节省时间 /s	节省工作量的概率误差	节省工作量相当于原来学习时间的 %
0	1266	844	422	—	33.3
1	1275	1138	137	±16	10.8
2	1260	1171	89	±18	7.0
3	1260	1186	73	±13	5.8
7	1268	1227	42	±7	3.3
音节随机排列	1261	1255	6	±13	0.5

第5节　结果的分析

在本章第4节的最后一个列表中，最后一行和倒数第二行的数字，恳请大家特别注意。对所有音节完全相同，首尾两项为之也没有发生变化的改组音节组进行学习，17个实验的平均结果中，节省的工作量小到几乎无法计算，平均数值是其概率误差的一半。这些音节本身，倘若忽略它们彼此间的联结，我对它们是很熟悉的，就算再诵读32次，也不会变得比现在更熟悉。另一方面，如果一个有顺序关系的音节组也诵读同样的次数，每一个音节和它算起是第八个音节有着同样紧密的联结，以至于24小时后，这种联结还能够明显地表现出来，这组音节组的实验数值是它概率误差的6倍。所以，我们必须证明，这种联结是确实存在的，哪怕我们无法确定这种联结精确的数值是否像在这些实验中所表现的那样。虽然相隔8项，两项之间联结强度的绝对值很小，但它的影响也相当于紧邻两个项目之间连接强度的1/10。仅凭这一点，我们就能得出结论，即便在距离更大的项目之间，被试在学习音节组的过程中，也会有意地受项目之间一定强度的纽带联结的影响。

综述上面的结果，我可以把实验所得结果进行一次理论上的总结。反复诵读音节组，会使每个项目和它之后的项目之间建立一定的联结，这种联结会借助以下事实体现出来：建立起联结的成对音节，比之前没有联系的同样的音节更容易在被试脑海中复现出来，回忆时遇到的阻力也会变得小一些。联结的强度，也是重学时实际上节省的工作量，是按原音节组中有关的音节之间，存在的中间项目的数目而定的。中间项目递增，强度就递减。紧密相连的项目之间，联结强度最大。尽管我们没有办法准确地知道这种依存关系的明确性质，但我们可以确定，随着两项之间距离的增大，这种联结强度最初会减低得很快，之后会逐渐变慢。

我们可以做这样一种尝试，用一些抽象但比较常用的概念，比如力量、倾向等来替换节省的工作量、容易回忆等具体概念，事实就可以叙述成这样：对音节组进行学习之后，我们会得到一种结果，就是所学习过的每一项在回到意识中来的时候，都有一种倾向或潜在的倾向，那就是把音节组中在它以后的各项随之召唤起来。这种倾向强度有差异，最强的是紧邻的两个项之间。一般说来，这些倾向在意识中是很容易表现出来的。如果没有其他因素的干扰，一个音节组通常会按照它的原样复现出来，除非发生了一些其他情况，或是引进了其他的条件，导致其余项目复现的力量明显地表露出来。

当然不能设想，由于自然的偶然性，我们所发现的规律的有效性，是由得出这些规律的材料的性质范围决定的，在我们的实验中，就是由无意义音节决定的。我们可以假定，以一种相似的方式，这些规律适用于每一种观念系列和系列中的组成部分。不用多说，只要不同的概念之间存在着除了时间顺序和间隔有其他项目关系以外的关系，联想的倾向就会受到这些力量的限制，绝不会有例外。当然，也要考虑到因为各种结合、联结、意义等因素引进的各种变动情况和复杂条件。

不管怎样，不可否认的是，由于这些结果的普遍有效性，使得联想主义的观念得到了一些更为纯正的自圆其说，因而显得更加合理。其实，传统的说法——同时或紧邻顺序的观念会联结起来，包含着不合理的地方。如果把“紧邻的顺序”进行严格的字义分析，这条规律是和最普通的经验存在矛盾的。如果不对它做精确的解释，又很难说明它究竟指哪一种。同时，也难以说明，为什么不很直接的顺序往往具有一些优越性，而在更间接的那些顺序中，这种优越性却不见了。

现在我们知道，所谓顺序的直接性或间接性，对于互相连续的概念之间的一般性质，没有任何的影响。在两种情况下，概念之间都会形成联系，由于这些联系的性质完全相同，它们只能有共同的名称：联结。但是，它们在强度上是不一样的。

当这种相联系的概念的连续性抵达理想的状态时，联系的纽带就会变得最强，当概念的连续性逐步离开这种理想状态时，纽带就会按照一定的比例变得越来越弱。在相隔很远的项目之间，虽然事实上也存在联结，且这种联结在适当的条件下也会体现出来，但由于这种联结比较弱，没什么现实意义。相反，邻近项目之间的联结却很有意义，它所产生的影响是可以明显表现出来的。如果概念系列不受任何其他因素影响，那么，它就会总是按照完全相同的顺序出现，每一项就只引起一种联想，自然也就是具有最强联结的那一项，即紧密相邻的上一项或下一项。但是观念系列永远不会受其他因素影响。实际条件下，丰富多彩而又迅速的变化，使概念系列会建立各种各样的关系，系列中的各项会以各种各样的组合重现出来。

所以，在一定情况下，在较远的项目间、较弱的联结中，相对较强的联结一定能够找到机会证明它们的存在，因而它们能有效地进入事实的内部进程。很容易看出来，它们这样促进概念的迅速发展、更好地分化以及多方面的衍生，也正是心理活动具有规律性的体现。

在我做进一步的研究之前，针对第九章第1节说的，由统一的心灵、统一的意志所导致的连续概念的联想，我要再重复几句话。把现在的结果和以前所得的结果合并起来，可能会产生一种危险。前面第五章第1节中，我曾经提到过，我赌一次就能够达到背诵程度的音节长度大约是7。人们有理由把这个数目当成我在单纯的意识活动中，所能够掌握的音节类概念的数量测量。现在我们看到，在中间有7个以上项目的两项之间，也就是含有9个音节的音节组的首尾两项，也能形成一定强度的联结。从这个音节数量和联结程度能看出，就算是在更长的音节组中，其两端的两项也可能形成联结。但如果在相隔过远、不能由一次单纯的意识活动把握的项目之间，也能建立联结，那对于联想的形成，就无法用“由于相关联的观念同时在意识中出现”来解释了。

不过，之前认同上述说法的人，也无须放弃之前的概念。把联想的事实归结为心理活动，这一结论也是一种显著的成就。对于不熟悉的音阶系列，一次意识活动所能把握的音节数量大约是7个，而经过反复诵读，对系列逐渐熟悉后，意识的这种活动能力就会增强。例如，彻底熟记音节组以后，一次单一的意识活动有可能掌握一个含有16个音节的音节组。所以，上述的“解释”是可以自由采用的。

那些认为“同时出现”和“紧接连续”是形成联想至关重要条件的人，完全也能用它来解释我们看到的间接顺序的联想。这些不求甚解的观点无疑会让我们处于长期的摸索中，并阻碍我们坦白地承认，这是所有难题中最值得关注的，也阻碍了我们真正地理解和探索它们。

第6节　反向联想

目前，对于实验结果中产生的一些问题，我只能就其中的几个问题，通过少量的实验来进行研究。

在实验中，对a，b，c，d……这个系列经常反复的诵读，在各项之间就会建立一些联结，如ab，ac，ad，bd等。当概念a不管什么时候以什么样的方式在意识中出现时，总会有一定强度的趋势会把概念b，c，d也唤醒，将其引到意识中来。这样就产生了一个问题：这些联结和倾向是相互的吗？倘若不是概念a，而是概念c有机会复现，那么，c除了有唤醒概念d和e的倾向之外，还会反向地唤醒b和c吗？换而言之，由于之前学习a，b，c，d这一序列，产生的效果就是，序列abc，ace都要比那些没学过的、同样长度的pqr……更容易学，但是，序列cba和eca会不会因此也变得更容易学呢？总结来说，我们要解决的问题是：对某一序列的多次重复，能否形成反方向联结？

在这一点上，不同的心理学家有不同的看法，存在的争议很大。一方面，人们注意到这个不争的事实：就算一个人完全掌握了全部希腊字母，但如果不经过特殊的学习和训练，也无法把整个字母表倒背如流。

另一些心理学家则认为，反向联系本身就是一种既定事实，并用它来解释随意动作和有意识动作。依据这一观点，婴儿最初的动作是不随意动作，也不是偶然的行为，而是在一些动作和感觉之间建立起联结，使这些动作和浓厚的愉悦感联系起来，所以才会反复做这样的动作。这种观点认为，动作和感觉一样，都会在记忆中留下痕迹，由于反复发生，就会使彼此之间建立更加密切的联结。如果这种联结达到一定程度，只有愉悦感这一观念，就能唤起那些原来引起愉悦感的动作的观念，从而引发实际的动作，又伴随产生相应的实际感觉。

前文中，我们学习过霍尔巴特的概念，他的概念介于这两种看法之间。在成系列的各项中，各项在复现的过程中，最先复现的如果是概念c，那么它会跟以前的、残存的、变淡的概念b和a融合起来。所以，当c复现时，就会唤醒a和b，但它们是很简单的，没有办法清晰地复现在意识中，或者说，在意识中没有完全解除抑制。当一系列项目中的某一项突然出现时，我们会感觉到，整个系列中的各项要依与“某一项”的联结强度逐渐减弱的顺序相继出现，一个系列永远不会依相反的强度顺序逐一复现。当系列中的一个项在意识中出现之后，它所在系列中，在它之后的各项也可以完全被意识到，并依照原来的顺序出现。

我安排了一个和以前报告过的研究非常类似的实验，目的是为了验证这种实际的依存关系。我将含有16个音节的音节组，每6组作为一个单元，随机排列组合成几套新的实验项，有的只是把一个音节组的音节顺序颠倒过来，有的除了颠倒顺序还会插入一个音节来间隔原来的音节顺序。先把两套原有音节组学习到能够无误地复现，24小时后再学习改组后的音节组。

对于原来的音节组，我们的表述如下：

Ⅰ（1）Ⅰ（2）Ⅰ（3）…Ⅰ（15）Ⅰ（16）

与它对应的改组后的音节组，如下所示：

· 只颠倒音节顺序的改组：

Ⅰ（16）Ⅰ（15）Ⅰ（14）…Ⅰ（2）Ⅰ（1）

· 颠倒顺序又在原组中每两个音节间插入一个中间音节的改组：

Ⅰ（16）Ⅰ（14）Ⅰ（12）…Ⅰ（4）Ⅰ（2）Ⅰ（15）Ⅰ（13）…Ⅰ（3）Ⅰ（1）

我用第一种类型的改组音节进行了10个实验，用第二种类型的改组音节进行了4个实验，结果如下列表所示。

表9-12，通过颠倒音节顺序改组的音节组。

表 9-12

学习原音节组所用时间 X/s	改组后音节组学习时间 Y/s	节省时间 Z/s
1172	1023	149
1317	1170	147
1213	977	236

续表

1202	1194	8
1257	1031	226
1210	1087	123
1285	1051	234
1260	1150	110
1245	1070	175
1329	1189	140
平均数值：1249	1094	155
		P.E.m=15

以学习原来音节组所用的时间为标准计算，节省的工作量是12.4%。

表9-13，通过颠倒顺序，同时在原音节之间插入一个音节改组的音节组。

表 9-13

学习原音节组所用时间 X/s	改组后音节组学习时间 Y/s	节省时间 Z/s
1337	1291	46
1255	1164	91
1158	1143	15
1313	1224	89
平均数值：1266	1206	60
		P.E.m=12

按学习原来的音节组所用的时间计算，节省的工作量是5%。

对一个音节组进行多次学习之后，得到的结果就是：在各项之间，不但会建立正常的顺序联结，还会形成相反方向的联结。这些联结的呈现方式如下：通过颠倒音节顺序改组的音节组，要比用同样熟悉的、没有按一定顺序联系起来的音节组，学习起来更容易。这样建立起来的趋向强度，也依各音节在原来系列中的距离不同而存在差异。但是，在距离相等的条件下，方向联结的强度比正向联结要弱。在我们的研究结果中，具体表现为：对音节组诵读大致相同的次数，音节组中的某一项和它前一项的联结，不如与它后一项的联结密切，甚至与它前面第二项的联结，还不如和它后面第三项的联结紧密。

如果我们能从音节组中找到这些依存关系具有普遍的有效性，那么，上述所说的那些相互矛盾的经验就能够得到一个完整的解释。比如，这样一个矛盾的经验：一个系列中如果只包含两个项目，如包含一个动作的冲动和一个愉悦感的冲动，彼此间有一定的联结，在经过多次重复后，后一项就会得到强烈的唤醒前一项的趋势，也就是能够把它召唤到意识中来。经过多次重复后，后面一项都能获得引起前面一项的趋向，这是唯一可能的事情。但是，在一个长的系列中，无论经过多少次重复，在中间一项被唤起以后，全部系列都不会以颠倒的顺序再现。因为，当一个项目被唤起时，虽然它前面的项比较容易与之联系，但它后面的一项却更容易出现。只要不受其他因素的干扰，后面一项总会胜出，优先被唤回到意识中来。

前面说过，一个人无论多么熟练地掌握了希腊字母，若不加强训练，也无法将这些字母倒背如流。但是，如果让他有机会去学习顺序颠倒的字母表，他可能比原来按照正常顺序学习时花费的时间要少。对于已经成诵的诗或演讲稿，以颠倒的顺序来学习，也会比原来学习时快得多。如果不是这样，那么上述论点也无法成立。这种反对的理由是站不住的，因为在学习有意义的资料时，会产生各种内部联系的线索，因为会学习得很快。倘若是颠倒过来学习，那么这些正常状态下存在的线索就会彻底失效。

第7节　间接顺序联想和复习次数的关系

通过多次的反复学习，我们会发现，在一个概念系列或音节组中，紧邻的项目之间建立的联系和复习次数之间，是一种函数关系。我在第六章所报道的目的，是为了探索这种依存关系，结果发现：在相当广泛的范围内，系列中的各项之间通过复习建立起来的联结强度与复习次数存在一定的比例关系。联结的强度，是用24小时后重学相关系列所节省的工作量来测量的。

假设通过重复学习，在非紧邻的项目之间也建立起了联系，那么这种联结的强度会在一定程度上对复习的次数形成依赖。在此，我要提出一个问题：在这样的情况下，不同的依存性是如何体现出来的？这其中也会存在比例关系吗？如果复习次数增加，在一个达到无误复现的音节组中，存在联系的各个项目之间，不同强度的联结是以同样的比例增加强度，还是像联接本身那样的强度不同一样，强度的速度和性质都有差异呢？依据我们现在所掌握的情况来看，我们不能确定上述的哪一种是正确的。

为了进一步了解实情，我以下列方式做了几个初步的实验。含有16个音节的6个音节组，集中注意力，诵读16次或64次，达到背诵程度。再把音节组用间隔1个音节的方式进行改组，24小时后，学习相同数目的改组后音节组，达到第一次无误复现。为了使这项研究适用于其他目的，该组音节组的方式，和第九章第2节所说的方式有所差异。

两种方式的区别在于：现在改组的方式中，原有音节组中，奇数音节和不是同一音节组中的偶数音节，而是两个原来音节组中的奇数音节组成一组，原来两组中的偶数音节组成另一组。所以，以前所用的改组方式是：

Ⅰ（1）Ⅰ（3）Ⅰ（5）…Ⅰ（15）Ⅰ（2）Ⅰ（4）…Ⅰ（16）

Ⅱ（1）Ⅱ（2）Ⅱ（3）…Ⅱ（15）Ⅱ（2）Ⅱ（4）…Ⅱ（16）

现在的方式则是：

Ⅰ（1）Ⅰ（3）Ⅰ（5）…Ⅰ（15）Ⅰ（1）Ⅰ（3）…Ⅱ（15）

Ⅱ（2）Ⅱ（4）Ⅱ（6）…Ⅱ（16）Ⅱ（2）Ⅱ（4）…Ⅱ（16）

实验证明，改组方式的变化并不会严重影响学习改组后的音节组。在这里和用原来方式改组的音节组一样，在原来音节组中相隔1个音节的项目，在24小时后重学是变成互相连接的。

对每种复习次数，我都用了8个复式实验，结果如表9-14所示。

表 9-14

学习原来音节组时所用时间 /s	24 小时后学习改组后的音节组所用时间 /s
1178	1157
1216	982
1216	1198
950	1148
1358	995
1019	1017
1191	1183
1230	1196
平均数值：1170	1109
概率误差：30	22

上述实验由于数目较小，所得的平均数不是很准确，但由于平均数的误差处于全部概率误差的范围内，所以结果的一般性质还是相同的。如果和之前学习含有16个音节的6个音节组时所得的结果进行比较，现在所得结果的意义就更加清楚了。以前的结果中，第一次学习时所用时间是1270秒，在现在的学习中，对原来音节组诵读16次之后，再学习改组后的音节组时，节省的时间大概是100秒。对原来音节组诵读64次后，节省的时间大概是161秒。当诵读次数增值4倍的时候，节省的工作量仅仅增加了1/2。改组的音节组中，间隔1个项目的情况下，音节之前的联结强度和诵读次数不成比例，前后紧邻的项目之间，联结强度的变化也是不同的。同样的诵读次数，对间接顺序联想的影响比直接顺序

联想的速度递降得更早、更快。

现在得到的结果，和第九章第3节表9-1中的内容，即第一天学习原来的音节组达到第一次无误复现，第二天学习改组后的音节组所得的结果非常相似。两次实验的步骤中，都没有排除知悉结果的干扰。只不过，上次的实验条件略有不同。首先，第一次学习时诵读的次数不固定，直至达到第一次无误复现为止。平均起来，大致的诵读次数是32次。其次，改组音节组的方式存在差别，但这些差别对于最终所获得的结果并没有产生特别大的影响，否则，这个实验就谈不上精确了。所以，我把这些数字和第六章内容当中，关于诵读次数对重学原来音节组影响的结果进行比较，详情请见表9-15。

表 9-15

诵读次数	24 小时后学习原来音节组所用时间 /s	24 小时后学习间隔一个音节的音节组所用时间 /s	学习原来音节组节省时间 /s	学习改组的音节组节省时间 /s	学习改组音节组节省时间占学习原音节组节省的百分比 /%
0	1270	—	—	—	—
16	1078	1170	192	100	52
32	863	1121	407	149	37
64	454	1109	816	161	20

在此，我要再次提醒大家：上述所列的数据中，有一部分不够精确，获得这些数据的条件也受到了诸多限制。尽管如此，我们还是有必要对其进行概括总结，以便在理论上去推敲这些结果，使之成为一些重要内部过程的可靠说明。同时，或许也能够用它们来补充人类关于记忆

知识的空白。

对于一种概念系列，经过多种重复，在个体的大脑内部留下痕迹并得以巩固后，在这一系列的各项之间就会形成各种内部联结或联系。这种联结的性质表现为：类似的各个项通过联结形成的系列，比没有联系的项形成的同样的系列更容易记忆，也更容易复现。对此，我们可以对其性质进行如下说明：当系列中的某一项在意识中复现时，它就具有了一定的确性倾向，即把系列中的其他项也带到意识中来。各项之间的这些联结或倾向，从几个方面来看，强度都不一样。

在原来的系列中，距离较远的两项之间的联结，弱于距离较近的两项之间的联系。在距离相等的条件下，反向联结要弱于正向联结。联结的强度会随着复习的次数而增加。只是，原来邻近项目间较强的联系，比远距离项目间较弱的联系，增强得更加迅速。所以，复习的次数越多，紧邻项目之间的联结就变得越强。当一个项在意识中复现时，把它后面紧邻的一项也唤起来的倾向，就会变得更加垄断，也更有优势。

第8节　不同联结的对比

最后，我要再提出这样一个事实，这个事实在上节报道的研究中偶然出现过，很值得注意。考虑到实验结果的精确性不高，所以我在提起它的时候，还是持一定的保留态度，但我不能忽略它的存在。如果对其进行深入研究，就会发现，它对于那些实际存在，但还没有被意识到的内部过程，能够进行一些有价值的阐述。就像我们在前面第六章第3节中说过的一样，这些过程和同时发生的意识活动是彼此独立的。

在上述的研究中，该组音节组的方式通过以下形式进行：在随机选择的两个含有16个音节的音节组中，将所有处于奇数位的音节合并起来组成一组，所有处于偶数位的音节合并成另一组，然后两组进行前后拼接。在其中一个实验中使用6个音节组时，改组后的音节组中，第二个组里的音节都是原来学习时紧邻在第一组中各有关音节后面的一个音节。改组后的组中，第四组和第三组，第六组和第五组之间的关系也都是这样。如此，就会出现下面的现象，也就是我提醒大家注意的一种特殊的关系。在学习第二、第四和第六组时，平均比第一、第三和第五组所用的时间少，在其他实验中，无论是学习原来的还是改组后的音节组，情况都与之相反。

我举出一些数据证明这种关系：随机选择在两个时期内做的任意10个实验，每个实验包括6个各有16个音节的音节组，学习到第一次无误复现。我把识记第一、第三、第五音节组所用的时间合并计算，识记第二、第四、第六音节组时所用的时间也合并计算，结果如表9-16和表9-17。

表 9-16

学习 I，III，V 音节组所用时间 A/s	学习 II，IV，VI 音节组所用时间 B/s	△（B–A）/s
467	790	323
544	666	122
662	704	42
548	668	120
523	539	16
475	657	182
612	753	141
853	548	−305
637	641	4
499	780	281

续表

平均值：582	675	93
		P.E.m=±37

表 9–17

学习 I，III，V 音节组所用时间 A/s	学习 II，IV，VI 音节组所用时间 B/s	△（B–A）/s
488	694	206
604	704	100
551	734	183
596	637	41
559	686	127
611	744	133
653	682	129
598	700	102
723	606	−117
643	678	35
平均值：603	687	84
		P.E.m=±20

把两个时期分别做的10个实验的结果平均起来看，识记第二、第四和第六组音节组时所用的时间，比识记第一、第三和第五组音节组所用的时要多得多。从单个实验来看，差异是不一样的，在两个时期中，各有一个实验的数值结果是负值，这些波动情况也在平均差异较大的概率误差中表现出来，尽管概率误差很大，但这种差别的性质还是很好识别的。

在所有其他研究中，我得出的是下面的结果：从单个实验来看，差异的波动很大，而把几个实验的结果合并来看，就会发现，第二、第四、第六组的结果有着明显的优势，虽然这一组的差别不及上述两组实验结果那么明显。

在早期所做的11个实验中，第九章第3节表9-1的内容，间隔1个音节改组的音节组，学习原来的音节组1天后，再学习改组的音节组，结果如下。

学习Ⅱ、Ⅳ、Ⅵ各组所用时间减去学习Ⅰ、Ⅲ、Ⅴ各组所用时间，结果是33秒（P.E.m=23）。

第九章第4节表9-16中，就是较上述实验稍晚时所做的6个同样实验，结果如下。

学习Ⅱ、Ⅳ、Ⅵ各组所用时间减去学习Ⅰ、Ⅲ、Ⅴ各组所用时间，结果是42秒（P.E.m=29）。

第六章第2节表6-1中，在10个实验里，音节组不变，第一天诵读16次，第二天重学，结果如下。

学习Ⅱ、Ⅳ、Ⅵ各组所用时间减去学习Ⅰ、Ⅲ、Ⅴ各组所用时间，结果是17秒（P.E.m=21）。

还有其他一些材料，这里不再列举。

上述数据中，由于概率误差很大，所以个别数字并不具备重要的意义。但由于差异的性质是一致的，所以它们在一起所表现出来的规律性是具有一定意义的。根据第四章第2节所提供的研究结果可知，这种现象是完全可以理解的。第四章第2节的研究材料表明，在学习16个音节的音节组时，规律性的东西表现得更明显。

它表现为：一个相对学习效率较高的音节组之后，接下来是一个学习较慢的，在较慢的之后，又有较快的（如第四章第2节图4-2）。原因是，在一个实验中，第一组资料常常是学习最快的，第二组又常常是最慢的，第一、第三、第五组的平均学习速度通常也是最低的，第二、第四、第六组的平均速度通常是最高的。所以，由第二、第四、第六组的所有时间的平均值减去第一、第三、第五组所用时间的平均值，得到的差数也通常是正数。

在上一节所阐述的两组实验中，有几个差数是负值，这不能不引起我们的重视和思考。

表9-18显示了诵读原音节组16次，第二天学习改组后音节组的结果。

表 9-18

学习 I，III，V 音节组 所用时间 *A*/s	学习 II，IV，VI 音节组 所用时间 *B*/s	△（*B*–*A*）/s
656	522	−134
702	514	−188
603	613	10
450	500	50
662	596	34
560	459	−101
588	603	15
637	593	−44
平均值：607	562	−45
		P.E.*m*=±21

表9-19显示了诵读原音节组64次，第二天学习改组后音节组的结果。

表 9-19

学习 I，III，V 音节组所用时间 A/s	学习 II，IV，VI 音节组所用时间 B/s	Δ（B–A）/s
515	642	127
567	415	−152
626	572	−54
588	560	−28
543	452	−91
539	478	−61
584	599	15
592	604	12
平均值：569	540	−29
		P.E.m=±20

在这里，每个实验中，结果数值的波动性都很大。但如果不仔细比较，粗略地看上去，我们就会发现，负值结果的差别占有很大优势。最后的平均数也揭示了这一点，和以前所得的结果相反，学习第二、第三、第六组所用的时间，反而比第一、第三、第五组所用的时间少。

这种特殊的情况可能是源自纯粹的意外，虽然这种概率很小。即便是概率误差特别大，却没有大到可以证明差异只是因为意外。

我很快就产生了一种担忧，担心上述的反常现象是我们常说的误差的来源，也就是第三章第4节、第九章第4节所说的，主试者或被试对结果的预期会对结果产生干扰，从而导致这种反常情况。在实验的过程中，我越发确信，不必等试验结果我们就能推测出，学习第二、第四、第六组所用的时间相对比较少。正是因为想到了这类事情，我才改变了改组音节组的方法，为此我就无法排除下列的可能性。

由于被试这种隐蔽的倾向，会不自觉地在学习第二、第四和第六组时高度集中注意力，而在学习第一、第三、第五组时，就没有那么专注了。即便如此，我还是不能认为这种假设是正确的，如果把所有的差异都归于这类错误的影响，那就等于过分高估了隐蔽的期望和下意识、无意识地调整注意力的作用。

当然，还有第三种可能性，那就是平均差异的不同是能够找到相应的客观基础的：第二、第四、第六组之所以学习较快，是由于音节组改组的方法和特点导致的。

在这里，除非引入生理学的概念，我们才会找到解释上述因果关系的正确途径。如果用心理学语言，那么就像对一切无意识的过程一样，我们只能在这里用比喻性的、不确切的内容来说明。

对原有音节组学习到可以无误复现，而后我们可以做结论说，各个音节都被很好地保留在记忆中，当它在意识中重现时，必然会有把它后面的音节带动起来的强烈倾向。因此，当第一、第三、第五个音节在意识中复现时，第二、第四、第六个音节也就有了复现的可能。但这种趋向可能并不强烈，无法使第二、第四、第六个音节的复现成为能够被意识到的实际事实，而是只表现为内部的一种兴奋状态，如果第一、第三、第五个音节不重复出现，就不会发生的一些情况。

这种情况就好比一个人绞尽脑汁地回忆一个遗忘已久的名字，它不存在于意识中，但意识正在寻找它，它不可否认地以一定方式存在着。我们甚至可以这样说，它正在到意识中来的路上。这个时候，如果和这个名字有关联的各种各样的、过去经验过的观念都被唤起，那么回忆者就能够知道，它们是否符合正在思索而尚未找到的那个名字。

在之前的反复学习中，第一、第三、第五个音节已和第二、第四、第六个音节建立了联系，复现项之后这些音节就处于同样轻微但明显兴奋的状态，就像处于意识的出现和不出现之间的地带。现在，从我们的实验来看，这种兴奋和实际在意识中出现是有很大关联性的。在内部能够被连续地唤起的音节之间，和实际在意识中连续出现的音节之间一样，是可以建立内部联结的。不过，前者的复现程度比较弱。

那个看不见的联结纽带，把还没有被意识唤起的第二、第四、第六个音节串联起来，为它们铺垫了在意识中复现的途径。对原来音节组的学习，使这种联结纽带已经存在并具有很大的强度，现在的效果不过是对原来已经建立的联结的进一步加强。如果第1、3、5……和第2、4、6……两个音节在学习原来音节组的时候，经常在意识中建立联系，那么，在学习第一种组合（Ⅰ、Ⅲ、Ⅴ组）之后，很快学第二种组合（Ⅱ、Ⅳ、Ⅵ组），后者比前者学起来更容易。这不仅因为在意识中重复有联系的各项被直接加强了联结，也因为在意识中重复与有关项经常有联系的项目，也会使联结得到间接的增强。

这一看法决定了下面假定的结果：比明确的意识活动所能掌握的内容更多的，被中间项间隔的项目之间，可以形成联想的结合。这些联结对于解释记忆和回忆中出现的许多奇特现象有着重要的意义，但由于它们缺乏确凿的根据，我现在不愿对此做更多结论性的说明。

张良

大谋略家

夔驭 著

吉林文史出版社
JILIN WENSHI CHUBANSHE

图书在版编目（CIP）数据

大谋略家——张良 / 夔驭著 . —长春：吉林文史出版社，2015.1（2024.3 重印）
ISBN 978-7-5472-2623-0

Ⅰ . ①大… Ⅱ . ①夔… Ⅲ . ①张良（？～前 186）—传记
Ⅳ . ① K827=341

中国版本图书馆 CIP 数据核字（2015）第 018967 号

DA MOULÜE JIA ZHANGLIANG
大谋略家——张良

著　　者　夔　驭
责任编辑　高冰若
封面设计　曹柏光
出版发行　吉林文史出版社
社　　址　长春市福祉大路 5788 号
邮　　编　130117
经　　销　全国新华书店
印　　刷　三河市刚利印务有限公司
开　　本　710mm×1000mm　　1/16
印　　张　19
版　　次　2015 年 5 月第 1 版　2024 年 3 月第 3 次印刷
字　　数　200 千字
书　　号　ISBN 978-7-5472-2623-0
定　　价　59.90 元